有限元素法在電機工程的應用
Finite Element Methods in Electrical Engineering

黃昌圳　編著

全華科技圖書股份有限公司　總經銷

自 序

　　本書是我從博士生到擔任教職這一路走過來所得到的精華結晶，
它反應了這二、三十年來學術界與產業界對有限元素法的研究與應用的
依賴與進展。在原文書裡，包括英文版及日文版，有不少應用有限元素
法解析電磁場的相關書籍，但是在國內類似的參考書籍並不多見，這是
引發我將多年累積的心血整理成書的動機。

　　本書的內容，在理論部份是參酌多年來在研究所上課的教材，在
應用部份是應用有限元素法完成公民營計畫的成果，採取循序漸進及深
入淺出的方式編排，讓讀者能事半功倍瞭解有限元素法的精髓所在，且
能迅速利用它來作研究，或解決電機工程方面的實際問題。

I

本書共有十五章，其內容扼要介紹於後。

第一章為有限元素法的簡介，包括有限元素法的發展歷史，為何要使用有限元素法？什麼是有限元素法？及介紹以有限元素法撰寫的商用軟體等。

第二章先說明邊界值問題，然後複習兩種傳統的近似解法，即李茲法(Ritz method)及葛樂金法(Galerkin's method)，建立有限元素法基礎。

第三章先複習傳統馬克士威爾方程式，再推導相關之電磁場支配方程式，包括直角與軸對稱座標、靜態與暫態、及電場、磁場與電磁場等。

第四章是以第二章中所介紹的能量泛涵觀念，及變分法來推導以向量磁位為變數之二維及軸對稱靜磁場有限元素方程式。

第五章與第四章一樣，以變分法來推導靜電場有限元素方程式。

第六章是以葛樂金法來推導穩態弦波，及暫態渦電流支配方程式之有限元素方程式。

第七章是建立永久磁石之有限元素模型。

第八章介紹有限元素之後處理有關之基本原理，如何利用場分析的結果來計算有用的參數，諸如：磁通交鏈、應電勢、鐵損、繞組電感及轉矩等。

第九章介紹使用有限元素法作電磁場解析時，經常遇到的一些問題，作為撰寫程式或執行商用軟體的參考。

第十章是以一部多極多相永磁無刷馬達為例，推導含永磁材料之有限元素電磁場方程式，並說明如何結合外接線路方程式一起解析。

第十一章是分析表面型永磁同步馬達，利用第十章所推導的電磁場方程式結合外接線路方程式一起解析。並說明如何只以一對為分析模型來進行解析，計算各種參數，如轉矩、開路電動勢及直-交軸電抗等。

第十二章是分析內藏型永磁同步馬達，使用第十章所推導的電磁場方程式結合外接線路方程式一起解析。主要重點為如何應用有限元素法的電磁場分析結果計算直軸與橫軸電抗。

第十三章是以電纜架(Cable trays)為例子，說明如何以有限元素法來計算電纜架的溫升與載流量，首先建立分析模型，再從二維穩態熱傳導支配微分方程式推導有限元素方程式，計算其載流量。

第十四章是分析直埋式單線地下電纜之熱傳問題。首先，以電纜絕緣耐溫之上限為依據，求出該電纜系統之各節點溫度，再以熱流動率沿電纜之封閉路徑積分，求出電纜之可能最大熱輸入率，以此分析電纜周圍環境對其容量之影響。

第十五章是介紹如何建立三維乾式高頻變壓器的熱傳模型，再作有限元素之熱傳分析，對各項熱傳參數的計算也提出討論。

綜合本書的內容，第一章到第九章的重點在理論部份的介紹，建議讀者能同時參考電磁學相關的教科書來增加背景知識。第十章以後是實例的應用，不管是使用自己撰寫的程式或商用軟體，均值得讀者參考。

在此作者要感謝歷年來參與計畫的研究生，因為他們的努力所得到的成果豐富了本書的內容。他們包括江奕旋、蔣世邦、吳信賢、張景誌、陳信元、卓源鴻、許孟原、張家銘、許宏孝、陳俊德及詹朝凱等。

最後更要感謝全華科技圖書股份有限公司的協助，使本書得以出版。雖然已審查再三，然書中難免仍有疏漏與錯誤之處，尚祈讀者先進不吝指正，請來信或 E-mail，信箱為 cchwang@fcu.edu.tw。

黃　昌　圳

謹識於逢甲大學電機系

2005 年 10 月

目 錄

v

第三章　電磁場基本定理

第七章　永久磁石之模擬

第八章　有限元素之後處理

第九章　電磁場解析的基本問題

第十章　多極多相永磁無刷馬達特性分析

第十一章　表面型永磁同步馬達特性分析

第十二章　內藏型永磁同步馬達特性分析

第十三章　電纜架的載流量分析

第十四章　地下電纜之熱傳分析

第十五章 乾式變壓器之熱傳分析

CHAPTER 1

有限元素法簡介

1.1 有限元素法的歷史

談到有限元素法(Finite element method, FEM)的歷史，應從計算機的起源開始，計算機誕生於 1945 年，直到 1955 年才被廣泛使用。當時，飛機正由螺旋槳進入噴射之新紀元，而且美蘇兩大強權也正處於冷戰時代，故利用計算機來改良軍機的設計乃當務之急。1956 年，Turner(波音公司工程師)，Clough(土木工程教授)，Martin(航空工程教授)及Topp(波音公司工程師)等四位先驅共同在航空科技期刊上發表一篇文章，名為「Stiffness and Deflection Analysis of Complex Structures」，用來計算飛機機翼之強度，一般認為這是工程學界上有限元素法的開端[1]。不過該論文相當難理解。

　　1960 年，Clough 教授在美國土木工程學會(ASCE)之計算機會議上，發表另一篇名為「The Finite Element in Plane Stress Analysis」[2]，將應用範圍擴展到飛機以外之土木工程上，同時有限元素法的名稱也第一次被正式提出，在之前稱為剛性法(Stiffness)。另一方面，英國差分法大師 Southwell 的高徒，土木工程教授 Zienkiewics 對有限元素法的發展功不可沒，Zienkiewics 教授寫了幾本有限元素法經典大作[3]，其中也包含電磁場領域的範圍。

　　最先將有限元素法應用到電機工程上的是 Winsolw，他在 1965 年發表一篇名為「Magnetic Field Calculation in an Irregular Triangular Mesh」的文章[4]，以有限元素法分析發電機鐵心飽和效應。之後在 1970 年，Silvester 教授和他的高徒 Chari 發表一篇相當有名的文章，「Finite Element Solution of Saturable Magnetic Field Problem」[5]，以有限元素法建立建立解析電磁場非線性變分法之算則。從此，有限元素法就被廣泛開發及應用[6]。

1.2 　為何要使用有限元素法

　　如前節所述，有限元素法被廣泛應用在數值技巧解析科學或工程問題的今天，無疑地扮演著相當重要的角色。若僅就解析場問題而言，吾人不難發現許多有關電機機械的問題，雖然其支配方程式(Governing equation)及邊界條件很容易可以從馬克斯威爾方程式(Maxwell's equations)推導出來，但或因不規則之境界、或因非均勻之電源或磁場分佈、及非線性之材料特性等因素，如單純以數學分析方法並不易求得答案。即使以數學分析方法求得答案，事前也需作一些簡化的假設。例如在馬達設計時，計算馬達之卡特係數(Carter's coefficient)，就需假定無窮大之鐵心導磁係數，及無窮深之矩型槽。然而如應用有限元素法來解析此類問題便無上述的困擾，因為有限元素法非常地適合模擬解析複雜之邊界、任意之電源或磁場、及非線性之材料特性等。故它被公認是一種強而有力的數值解析工具。

1.3　何謂有限元素法

到底什麼是有限元素法？簡單地說，有限元素法是微分方程式，例如波松方程式(Poisson's equation)的一種數值解析法，為了表示其近似解，以多項式來代表微分方程式中的變數。其步驟是：將解析問題之領域分割成許多小區域，即所謂的元素(Element)，微分方程式的變數在各元素中以多項式來近似,再將所有元素組合起來一起解之。目前使用有限元素法來解析問題通常包括之三個基本模組(Modules):前處理器(Pre-processor)、場解析器(Field solver)及後處理器(Post-processor)。

　　前處理器的功能括:建構問題之幾何結構、輸入各材料之屬性、輸入物理特性及電源或磁源、定義邊界條件及自動產生元素(Mesh generation);場解析器是依據有限元素法發展而成,它包含各種解答的形式而可分為:靜態場、半靜態場及暫態場等;後處理器是將解析器中所得到之結果加以整理,其功能包括:抽取重要的結果、圖示數值結果,如等位線、及進一步計算所需的結果如轉矩等,這些功能將在後面詳細加以說明。

1.4 商用有限元素法軟體

　　有限元素法發展至今已超過三十年,數學理論已趨完備,數值技巧及計算機資料儲存與運算速度也因電腦科技的進步亦相當成熟。目前,在歐美及日本已有許多應用有限元素法開發的商用軟體,由於有限元素軟體的價格通常很昂貴,如果想購買一套來協助研發工作,必須慎重地仔細比較各軟體的功能,才能達成目的。根據這個構想,並參考國外的文獻及廠商的型錄，整理出商用軟體必須具備的全部或部份功能，以供參考。

　　在場解析器部分，用於解析靜電場與靜磁場之解析器通常具備以下功能：可解析線性靜磁場(Linear magnetic field)，在 2D 以向量磁位 (Magnetic vector potential)A 為變數，且 $\nabla \times A = B$，導磁率 $\mu = B/H$ 為線性；可解析非線性靜磁場(Nonlinear magnetic field)，在 2D 以磁向量位能 A 為變數，且 $\nabla \times A = B$，導磁率 $\mu = B/H$ 為非線性；可解析非線性靜磁場，同時考慮磁滯迴線(Hysteresis loop)；可解析靜電場 (Electrostatics)，在非導體介質中，電位(Electric scalar potential)為變數，且滿足波松方程式；可解析在導體中電流，滿足波松方程式，以電位為變數；可解析同時含電流及靜磁場；可解析 AC 渦電流，所有場均設為弦波變化；可解析有損失介質之 AC 電場；可解析 AC 電磁場；可解析週期性非線性渦電流；可解析暫態渦電流，所有場為時變；可解析暫態非線性渦電流，所有場為時變，尚有疊代功能；可直接解析含電壓源，亦即電壓為已知，電流未知；可解析暫態非線性電磁場及轉動問題；可含外接線路一起解析。

　　後處理器通常具有以下功能：可顯示彩色等位線；可顯示彩色等位線加元素分割圖；可顯示彩色場向量(Arrow plots)；磁通密度 B 及電場強度 E 可顯示在元素分割圖上；可顯示場對空間位置的變化；可顯示

場對時間的變化；可計算損失的大小；可作彩色動畫圖；可計算力矩(使用 Local Jacobian 或 Virtual work 或 Maxwell stress Tensor)；可計算力(使用 Local Jacobian 或 Virtual work 或 Maxwell stress Tensor)；可計算線圈之交鏈；可計算磁通；可計算能量；可作 $\oint H \cdot dl$ 積分，計算磁動勢。

參考文獻

[1] M. J. Turner, R. W. Clough, H. C. Martin, and L. C. Topp, "Stiffness and Deflection Analysis of Complex Structures," *J. Aeronaut, Sci.*, Vol. 23, No. 9, 1956.

[2] R. W. Clough, "The Finite Element in Plane Stress Analysis," *Proceedings of 2nd ASCE Conference on Electronic Computation*, Pittsburgh, Pa., September 8 and 9, 1960.

[3] O. C. Zienkiewics, *The Finite Element Method*, 3rd ed., McGraw-Hill Book Company, New York, 1977.

[4] A. M. Winslow, "Magnetic Field Calculation in an Irregular Triangular Mesh," *Lawrence Radiation Laboratory* (*Livermore, California*), *UCRL-7784-T*, Rev. 1, 1960.

[5] P. Silvester and M. V. K. Chari, "Finite Element Solution of Saturable Magnetic Field Problem," *IEEE Transactions,* Vol. PAS-89, No. 7, pp. 1642-1651, Sept./Oct. 1970.

[6] *Finite Element in Electrical and Magnetic Field Problems*, Edited by M. V. K. Chari and P. Silvester, John Wiley & Sons, Chichester, 1979.

CHAPTER 2

有限元素法基礎

　　如前章所述，有限元素法是解析邊界值問題(Boundary-value problems, BVP)的一種數值方法。本章將先說明邊界值問題，然後複習兩種傳統的近似解法，即李茲法(Ritz method)及葛樂金法(Galerkin's method)，這兩種解法其實就是有限元素法的基礎，為了瞭解有限元素法，首先應該先認識它們。

2.1　邊界值問題

　　邊界值問題為解析在領域 Ω 內的支配偏微分方程式(Governing partial differential equation, PDE)及在其領域邊界 Γ 上的邊界條件，其通式如下：

$$\Im\phi = f \qquad\qquad (2.1)$$

上式中 $\Im$ 為微分運算子(Differential operator)，ϕ 為未知參數，f 為已知位置函數。在電磁學上常見的支配偏微分方程式，如波松方程式(Poisson equations)及拉卜拉斯方程式(Laplace's equations)，其中運算子 $\Im = -\nabla^2$。

只有少數的邊界值問題可以用數學分析的方法得到解答，但大部份都必須應用數值近似法才能得到解答。目前較常用的數值近似法有：加權剩餘法(The method of weighted residuals, MWR)、李茲法、有限差分法(The finite difference method, FDM)、邊界元素法(The boundary element method, BEM)、及有限元素法等，其中前述的葛樂金法是加權剩餘法的一個特例，本章的重點將以有限元素法及其相關的主題，包括李茲法及葛樂金法為主，首先介紹變分法(Variational principle)的一些基本觀念。

2.2 變分法

對於(2.1)式的偏微分方程式通常有一個不同但等值的算則(Algorithm)，即變分算則。在偏微分方程式算則中，是解析其支配偏微分方程式及其邊界上的邊界條件，而在變分算則中，是將系統的能量泛函(Energy functional)予以極小化來求解答，兩種方式最後得到相同的答案。

首先，必須先對運算子 $\Im$ 提出以下二個定義：

[定義一]若且為若

$$\int_\Omega \phi \Im \varphi d\Omega - \int_\Omega \varphi \Im \phi d\Omega$$

僅為 ϕ 及 φ 的函數，且其導數在邊界 Γ 上可微分，則稱運算子 $\Im$ 為自伴隨(Self-adjoint)。若邊界條件為齊次，則稱運算子 $\Im$ 為自伴隨的充分且必要條件為

$$\int_\Omega \phi \Im \varphi d\Omega = \int_\Omega \varphi \Im \phi d\Omega$$

[定義二]若且為若

$$\int_\Omega \phi \Im \phi d\Omega \geq 0$$

則稱運算子 $\Im$ 為正定(Positive definite)。當若且為若 $\phi = 0$，則等號成立。

舉例來說，運算子 $\Im = -\nabla^2$ 是自伴隨且為正定。

若(2.1)式定義在邊界為 Γ 之解析領域 Ω 內，且為齊次邊界條件

$(\phi = 0)$，假設運算子 $\Im$ 為自伴隨且為正定，則其等值的能量泛函為，

$$F[\phi] = \frac{1}{2}\int_{\Omega}\phi\Im\phi d\Omega - \int_{\Omega}\phi f d\Omega \tag{2.2}$$

上式的極小值與(2.1)式的解相同。若為非齊次邊界條件，即 $\Re\phi = b(\Gamma)$，其中 $\Re$ 為任意運算子，設任一函數滿足 $\Re\upsilon = b(\Gamma)$，則(2.1) 式之等值的能量泛函為，

$$F[\phi] = \frac{1}{2}\int_{\Omega}\phi\Im\phi d\Omega - \int_{\Omega}\phi f d\Omega - \frac{1}{2}\int_{\Gamma}(\phi\Im\upsilon + \upsilon\Im\phi)d\Gamma \tag{2.3}$$

2.3 李茲法

李茲法可以提供能量泛函極小化的一種方法，它需要選取一組適當的線性獨立之試驗函數(Trial functions or testing functions) $\varphi_i(x, y, z)$，$i = 1, 2....., n$。則正解函數 ϕ_0 可以用下面一序列之試驗函數來近似：

$$\phi_0 \cong \widetilde{\phi}(x, y, z) = \sum_{i=1}^{n}C_i\varphi_i \tag{2.4}$$

其中 C_i 的選取是使泛函 $F(\phi_n)$ 極小化。

2.3.1　波松方程式及齊次或自然邊界條件

首先考慮二維波松方程式 $\nabla^2\phi = -f$，及齊次或自然邊界條件。其能量泛函如(2.2)式，重寫如下式：

$$F\left(\tilde{\phi}\right) = \frac{1}{2}\int_\Omega \tilde{\phi}\nabla^2\tilde{\phi}dxdy - \int_\Omega \tilde{\phi}fdxdy \tag{2.5}$$

將式(2.4)代入式(2.5)得，

$$F(C_1, C_2, \cdots, C_n) = \int_\Omega \left\{ \frac{1}{2}\left(\sum_{i=1}^n C_i \frac{\partial \varphi_i}{\partial x}\right)^2 + \frac{1}{2}\left(\sum_{i=1}^n C_i \frac{\partial \varphi_i}{\partial y}\right)^2 - \sum_{i=1}^n C_i \varphi_i f \right\} dxdy$$

$$= \frac{1}{2}C_i^2 \int_\Omega \left\{ \left(\frac{\partial \varphi_i}{\partial x}\right)^2 + \left(\frac{\partial \varphi_i}{\partial y}\right)^2 \right\} dxdy + \sum_{j\neq i}^n C_i C_j \int_\Omega \left(\frac{\partial \varphi_i}{\partial x}\frac{\partial \varphi_j}{\partial x} + \frac{\partial \varphi_i}{\partial y}\frac{\partial \varphi_j}{\partial y} \right) dxdy$$

$$- C_i \int_\Omega \varphi_i fdxdy + 與 C_i 無關之項 \tag{2.6}$$

故

$$\frac{\partial F}{\partial C_i} = \mathrm{A}_{ii}C_i + \sum_{j\neq i}^n \mathrm{A}_{ij}C_j - \mathrm{H}_i \tag{2.7}$$

其中

$$A_{ij} = \int_{\Omega} \left(\frac{\partial \varphi_i}{\partial x} \frac{\partial \varphi_j}{\partial x} + \frac{\partial \varphi_i}{\partial y} \frac{\partial \varphi_j}{\partial y} \right) dxdy \qquad (2.8a)$$

$$H_i = \int_{\Omega} \varphi_i f dxdy \qquad (2.8b)$$

選取 C_i 使泛函 $F(\tilde{\phi})$ 極小化，即

$$\frac{\partial F}{\partial C_i} = 0 , \quad i = 1, 2, \ldots, n$$

故由式(2.7)得，

$$\sum_{j=1}^{n} A_{ij} C_j = H_i , \quad i = 1, 2, \ldots, n$$

或

$$\mathbf{AC} = \mathbf{H} \qquad (2.9)$$

其中各元素如式(2.8)，而未知參數 $\mathbf{C} = \{C_1, C_2, \ldots, C_n\}$。故式(2.9)

為一線性聯立方程式，若 $\mathbf{A}$ 為非特異矩陣(Non-singular matrix)，則可以

求得一組未知參數 $\mathbf{C}$。

[例題一] $d^2\phi / dx^2 = -x^2$，$0 \le x \le 1$，$\phi(0) = \phi(1) = 0$，試以三次試驗函

數來求近似解。

[解] 三次試驗函數為 $\tilde{\phi}(x) = C_0 + C_1 x + C_2 x^2 + C_3 x^3$，且須滿足

$\phi(0) = \phi(1) = 0$，故可設為 $\tilde{\phi}(x) = ax(1-x) + bx^2(1-x) = C_1\varphi_1 + C_2\varphi_2$

其中 $C_1 = a, C_2 = b$，$\varphi_1 = x(1-x)$，$\varphi_2 = x^2(1-x)$，$\partial\varphi_1/\partial x = 1-2x$，

$\partial\varphi_2/\partial x = 2x - 3x^2$，由式 (2.8) 得到 $A_{11} = \int_0^1 (1-2x)^2 dx = 1/3$，

$A_{22} = \int_0^1 (2x - 3x^2)^2 dx = 2/15$，

$A_{12} = \int_0^1 (1-2x)(2x-3x^2) dx = 1/6 = A_{21}$，$H_1 = \int_0^1 x(1-x)x^2 dx = 1/20$，

$H_2 = \int_0^1 x^2(1-x)x^2 dx = 1/30$

得到式(2.9)李茲方程式為

$$\begin{bmatrix} 1/3 & 1/6 \\ 1/6 & 2/15 \end{bmatrix}\begin{bmatrix} a \\ b \end{bmatrix} = \begin{bmatrix} 1/20 \\ 1/30 \end{bmatrix}$$

解上式得 $a = 1/15$，$b = 1/6$，故近似解為 $\tilde{\phi}(x) = x(1-x)(2+5x)/30$，

與其正解比較 $\phi_0 = x(1-x^3)/12$，兩者之誤差很小。

2.3.2　波松方程式及非零值或非自然邊界條件

其次考慮二維波松方程式 $\nabla^2\phi = -f$ 及其在邊界 $\Gamma = \Gamma_1 \cup \Gamma_2$ 上之邊

界條件，

$$\phi = g(s)，\qquad 在 \Gamma_1 上 \tag{2.10a}$$

$$\frac{\partial \phi}{\partial n} + \lambda(s)\phi = h(s)，\qquad 在 \Gamma_2 上 \tag{2.10b}$$

其能量泛函爲：

$$F(\tilde{\phi}) = \frac{1}{2}\int_\Omega \left(\tilde{\phi}\nabla^2\tilde{\phi} - 2\tilde{\phi}f\right)dxdy + \int_\Gamma \left(\frac{1}{2}\lambda\tilde{\phi}^2 - \tilde{\phi}h\right)d\Gamma \tag{2.11}$$

在 Γ_1 上，選取一組適當的線性獨立之試驗函數 $\varphi_i(x,y) = 0$，$i = 1$, 2, ..., n，故在 Γ_1 上滿足式(2.10a)之試驗函數可以用下式來表式：

$$\tilde{\phi} = g + \sum_{i=1}^{n} C_i\varphi_i$$

$$= \sum_{i=1}^{n+1} C_i\varphi_i \tag{2.12}$$

其中 $\varphi_{n+1} = g$，$C_{n+1} = 1$。

將式(2.12)代入式(2.11)得，

$$F(c_1,\ \ C_2,\ \ \cdots,\ \ C_{n=1}) = \int_\Omega \left\{ \frac{1}{2}\left(\sum_{i=1}^{n+1} C_i \frac{\partial \varphi_i}{\partial x}\right)^2 + \frac{1}{2}\left(\sum_{i=1}^{n+1} C_i \frac{\partial \varphi_i}{\partial y}\right)^2 - \sum_{i=1}^{n+1} C_i\varphi_i f \right\}$$

$$+ \int_{\Gamma_2}\left[\frac{1}{2}\lambda\left(\sum_{i=1}^{n+1} C_i\varphi_i\right)^2 - \left(\sum_{i=1}^{n+1} C_i\varphi_i\right)h\right]d\Gamma \qquad (2.13)$$

上式中除了 $C_{n+1}=1$ 為已知外，其餘 C_i 是使泛函 $F(\widetilde{\phi})$ 極小化，

$$\frac{\partial F}{\partial C_i} = 2\left(A_{ii}C_i + \sum_{j\neq i}^{n} A_{ij}C_j - H_i + S_{ii}C_i + \sum_{j\neq i}^{n} S_{ij}C_j - K_i\right) i = 1, 2....,$$

$$n \qquad (2.14)$$

其中

$$A_{ij} = \iint_{\Omega}\left(\frac{\partial\varphi_i}{\partial x}\frac{\partial\varphi_j}{\partial x} + \frac{\partial\varphi_i}{\partial y}\frac{\partial\varphi_j}{\partial y}\right)dxdy \qquad (2.15a)$$

$$H_i = \int_{\Omega}\varphi_i f dxdy \qquad (2.15b)$$

$$S_{ij} = \int_{\Gamma_2}\lambda\varphi_i\varphi_j d\Gamma \qquad (2.15c)$$

$$\qquad (2.15d)$$

選取 C_i 使泛函 $F(\phi_n)$ 極小化，即

$$\frac{\partial F}{\partial C_i} = 0, \; i = 1, 2....., n.$$

故由式(2.13)得一方形線性聯立方程式，

$$\mathbf{BC} = \mathbf{g} \qquad (2.16)$$

其中

$$B_{ij} = A_{ij} + S_{ij} \qquad (2.17a)$$

$$g_i = h_i + K_i \qquad (2.17b)$$

$\mathbf{B}$ 為 $n \times (n+1)$ 矩陣，未知參數 $\mathbf{C} = \{C_1, C_2, \ldots, C_n\}$。考慮式(2.16)之展開

$$B_{11}C_1 + B_{12}C_2 + \ldots + B_{1n}C_n + B_{1n+1}C_{n+1} = g_1$$

因 $C_{n+1} = 1$，故上式可寫成

$$B_{11}C_1 + B_{12}C_2 + \ldots + B_{1n}C_n = g_1 - B_{1n+1}$$

其餘各式也同樣可寫成如上式，故得另一方形線性聯立方程式，

$$\mathbf{B'C'} = \mathbf{g'} \qquad (2.18)$$

其中

$$B_{ij}' = B_{ij} \qquad i, j = 1, 2, \ldots, n.$$

$$C' = C_i \qquad i = 1, 2, \ldots, n.$$

$$g_i^t = g_i - B_{in+1} \qquad i = 1, 2, \ldots, n. \tag{2.19}$$

[**例題二**]　$d^2\phi / dx^2 = -x$，$0 \le x \le 1$，$\phi(0) = 2$，$\phi'(1) = 3$，試以二次試驗

函數來求近似解。

[**解**] 設二次試驗函數為 $\tilde{\phi}(x) = 2 + ax + bx^2$，可以滿足 $\phi(0) = 2$，且 $C_1 = a$,

$C_2 = b$,　$\varphi_1 = x$，$\varphi_2 = x^2$，$\partial\varphi_1 / \partial x = 1$，$\partial\varphi_2 / \partial x = 2x$，得到

$$A_{11} = \int_0^1 1 dx = 1, \quad A_{22} = \int_0^1 4x^2 dx = 4/3, \quad A_{12} = \int_0^1 1 \cdot 2x dx = 1 = A_{21},$$

$$A_{13} = \int_0^1 x \cdot 0x dx = 0, \, A_{23} = \int_0^1 x^2 \cdot 0 dx = 0, \, S_{ij} = 0,$$

$$h_1 = \int_0^1 x \cdot x dx = 1/3, \quad h_2 = \int_0^1 x^2 \cdot x dx = 1/4,$$

$$k_1 = 3x|_{x=1} = 3, \, k_2 = 3x^2|_{x=1} = 3 \, \text{。}$$

故李茲方程式為

$$\begin{bmatrix} 1 & 1 \\ 1 & 4/3 \end{bmatrix} \begin{bmatrix} a \\ b \end{bmatrix} = \begin{bmatrix} 1/3 + 3 - 0 \\ 1/4 + 3 - 0 \end{bmatrix}$$

解上式得 $a = 43/12$，$b = -1/4$，故李茲二次函數近似解為

$\tilde{\phi}(x) = 2 + 43x/12 - x^2/4$，而其正解為 $\phi_0 = 2 + 7x/2 - x^3/6$，兩者之誤

差很小。同時 $\phi'(1) = 37/12$ 與 $\phi'(1) = 3$ 也很接近。

2.4 加權剩餘法

上節以能量泛函之極小化求解偏微分方程式，但並不是所有偏微分方程式都可以找到能量泛函。因此，必須另外尋求別的數值方法來求解，加權剩餘法(The method of weighted residuals, MWR)就是其中一種最常用的方法。重寫(2.1)式如下：

$$\Im\phi = f \tag{2.1}$$

及其在邊界 $\Gamma = \Gamma_1 \cup \Gamma_2$ 上之邊界條件，

$$\phi = g(s)， \qquad 在\,\Gamma_1\,上 \tag{2.10a}$$

$$\frac{\partial\phi}{\partial n} + \lambda(s)\phi = h(s)， \qquad 在\,\Gamma_2\,上 \tag{2.10b}$$

加權剩餘法解析(2.1)及(2.10)式通常包含二個步驟，第一個步驟是先假定一個可以滿足偏微分方程式及其邊界條件的近似解 $\tilde{\phi}$，然後將它代入(2.1)式，因 $\tilde{\phi}$ 並非正解，結果會產生誤差值(Residual)，此誤差值必須以某種平均的方式在整個解析領域中讓它消失。第二個步驟是解析前一步驟所產生的矩陣方程式求取答案。以下說明其步驟。

首先將近似解 $\tilde{\phi}$ 代入(2.1)式，得到誤差值 $\Re(\tilde{\phi})$ 如下：

$$\mathfrak{R}\!\left(\widetilde{\phi}\right) = \mathfrak{I}\phi - f \tag{2.20}$$

如李茲法所使用的試驗函數來近似：

$$\widetilde{\phi} = \sum_{i=1}^{n} C_i \varphi_i \tag{2.4}$$

在加權剩餘法中可以使用一些技巧求取未知係數 C_i 使 $\mathfrak{R}\!\left(\widetilde{\phi}\right)$ 最小，不同的誤差值極小方法得到不同的近似解，包括：配點法(Collocation method)、超配點法(Overdetermined-collocation method)、最小平方法 (Least square method)、及葛樂金法。以下將以例題一為例扼要說明各種方法的解析要領。

[例題三] $d^2\phi / dx^2 = -x^2$，$0 \le x \le 1$，$\phi(0) = \phi(1) = 0$，試以配點法、超配點法、最小平方法及葛樂金法來求近似解。

[配點法解] 誤差值為 $\mathfrak{R}\!\left(\widetilde{\phi}\right) = -d^2\phi / dx^2 - x^2$，滿足邊界條件之三次試驗函數為 $\widetilde{\phi}(x) = x(1-x)(a+bx)$，將它代入誤差值，得到，

$$\mathfrak{R}(\phi_3) = 2a + (6x-2)b - x^2$$

若選擇 $x = 1/3$ 及 $x = 2/3$ 為配置點使誤差值為零，則由 $\mathfrak{R}(\phi(1/3)) = \mathfrak{R}(\phi(2/3)) = 0$，得到

$$\begin{bmatrix} 2 & 0 \\ 2 & 2 \end{bmatrix} \begin{bmatrix} a \\ b \end{bmatrix} = \begin{bmatrix} 1/9 \\ 4/9 \end{bmatrix}$$

解上式得 $a = 1/3$，$b = 2/3$，故近似解為 $\tilde{\phi}(x) = x(1-x)(1+3x)/18$。

[超配點法解] 若選擇 $x = 1/4$、$x = 1/2$ 及 $x = 3/4$ 為配置點使誤差值為零，得到

$$\begin{bmatrix} 2 & -1/2 \\ 2 & 1 \\ 2 & 5/2 \end{bmatrix} \begin{bmatrix} a \\ b \end{bmatrix} = \begin{bmatrix} 1/16 \\ 1/4 \\ 9/16 \end{bmatrix}$$

上式聯立方程式寫成 Ax=b，因 A 為 2x3 之矩陣，必須變成 2x2 方型矩陣，其法為 A'Ax=A'b，其中 A' 為 A 的轉置矩陣，運算後得到，

$$\begin{bmatrix} 12 & 6 \\ 6 & 5/2 \end{bmatrix} \begin{bmatrix} a \\ b \end{bmatrix} = \begin{bmatrix} 7/4 \\ 13/8 \end{bmatrix}$$

上式得 $a = 1/16$，$b = 1/6$，故近似解為 $\tilde{\phi}(x) = x(1-x)(3+8x)/48$。

2.4.1 最小平方法

最小平方法也是選擇可以滿足邊界條件之試驗函數，同時使下式

之誤差值最小，

$$\chi\left(\tilde{\phi}\right) = \int_{\Omega} \Re\left(\tilde{\phi}\right)^2 d\Omega \tag{2.21}$$

即，

$$\frac{\partial \chi\left(\tilde{\phi}\right)}{\partial C_i} = 0 \, , \, i = 1, 2, \ldots, n. \tag{2.22}$$

又

$$\chi\left(C_1, C_2, \ldots, C_n\right) = \int_{\Omega} \left\{ \Im\left(\sum C_i \varphi_i\right) - f \right\}^2 dxdy \tag{2.23}$$

假設運算子 $\Im$ 線性，則

$$\frac{\partial \chi}{\partial C_i} = 2 \int_{\Omega} \left\{ \Im\left(\sum C_i \varphi_i\right) \Im \varphi_i - f \Im \varphi_i \right\} dxdy = 0 \tag{2.24}$$

得到

$$\sum_{j=1}^{n} C_j \int_{\Omega} \left(\Im \varphi_i \Im \varphi_i\right) dxdy = \int_{\Omega} f \Im \varphi_i dxdy \, , \, i = 1, 2, \ldots, n. \tag{2.25}$$

寫成

$$\mathbf{AC} = \mathbf{H} \tag{2.26}$$

其中

$$A_{ij} = \int_{\Omega} \left(\Im\varphi_i \Im\varphi_j \right) dx dy \,, \ i = 1, 2, \ldots, n. \tag{2.27a}$$

$$H_i = \int_{\Omega} f \Im\varphi_i dx dy \,, \ i = 1, 2, \ldots, n. \tag{2.27b}$$

[最小平方法解]回到例題三，試驗函數亦是用 $\tilde{\phi}(x) = x(1-x)(a+bx)$ ，

故 $\varphi_1 = x(1-x)$ ， $\varphi_2 = x^2(1-x)$ ，因 $\Im = -d^2/dx^2$ ，

故 $\Im\varphi_1 = 2$ ， $\Im\varphi_2 = 6x-2$ 。

$$A_{11} = \int_0^1 \left(\Im\varphi_1 \right)^2 dx = \int_0^1 (2)^2 dx = 4 \,,$$

$$A_{22} = \int_0^1 \left(\Im\varphi_2 \right)^2 dx = \int_0^1 (6x-2)^2 dx = 4$$

$$A_{12} = \int_0^1 \left(\Im\varphi_1 \Im\varphi_2 \right) dx = \int_0^1 2(6x-2) dx = 2 = A_{21}$$

$$H_1 = \int_0^1 \Im\varphi_1 f dx = \int_0^1 2 \cdot x^2 dx = 2/3 \,,$$

$$H_2 = \int_0^1 \Im\varphi_2 f dx = \int_0^1 (6x-2)x^2 dx = 5/6$$

得到，

$$\begin{bmatrix} 4 & 4 \\ 2 & 4 \end{bmatrix} \begin{bmatrix} a \\ b \end{bmatrix} = \begin{bmatrix} 2/3 \\ 5/6 \end{bmatrix}$$

解上式得 $a = 1/12$ ， $b = 1/6$ ，故近似解為 $\tilde{\phi}(x) = x(1-x)(1+2x)/12$ 。

2.4.2　葛樂金法

葛樂金法是將誤差值以(2.4)式試驗函數中 φ_i 來當加權函數 (Weighting function)後，對整個領域作積分並令爲零，即，

$$\int_\Omega \Re\left(\widetilde{\phi}\right)\varphi_i d\Omega = 0 \text{ , } i = 1, 2, \ldots, n. \tag{2.28}$$

上式產生 n 個方程式以求 n 個未知係數 C_i，

$$\int_\Omega \left(\Im\widetilde{\phi} - f\right)\varphi_i d\Omega = 0 \text{ , } i = 1, 2, \ldots, n. \tag{2.29}$$

得到

$$\sum_{i-1}^{n} C_i \int_\Omega \varphi_i \Im \varphi_i d\Omega = \int_\Omega f\varphi_i d\Omega \text{ , } i = 1, 2, \ldots, n. \tag{2.30}$$

寫成

$$\mathbf{AC} = \mathbf{H} \tag{2.31}$$

其中

$$A_{ij} = -\int_\Omega \varphi_i \Im \varphi_i d\Omega \tag{2.32a}$$

$$H_i = \int_\Omega f\varphi_i d\Omega \tag{2.32b}$$

2-17

[**葛樂金法解**]回到例題三，試驗函數亦是用 $\phi_3(x) = x(1-x)(a+bx)$，故

$$\varphi_1 = x(1-x) \text{，} \varphi_2 = x^2(1-x) \text{，} \Im\varphi_1 = 2 \text{，} \Im\varphi_2 = 6x - 2 \text{。}$$

$$A_{11} = -\int_0^1 \varphi_1 \Im\varphi_1 dx = 1/3 \text{，} A_{22} = -\int_0^1 \varphi_2 \Im\varphi_2 dx = 2/15 \text{，}$$

$$A_{12} = -\int_0^1 \varphi_1 \Im\varphi_2 dx = 1/6 \text{，} A_{21} = -\int_0^1 \varphi_2 \Im\varphi_1 dx = 1/6$$

$$H_1 = \int_0^1 f\varphi_1 dx = 1/20 \text{，} \quad H_2 = \int_0^1 f\varphi_2 dx = 1/30$$

$$\begin{bmatrix} 1/3 & 1/6 \\ 1/6 & 2/15 \end{bmatrix}\begin{bmatrix} a \\ b \end{bmatrix} = \begin{bmatrix} 1/20 \\ 1/30 \end{bmatrix}$$

解上式得 $a = 1/15$，$b = 1/6$，故近似解為 $\tilde{\phi}(x) = x(1-x)(2+5x)/30$，結果與李茲法相同。將各種所得到的結果彙集如下表 2.1，可以看出葛樂金法與李茲法最精確。

表 2.1 各方法結果比較

x	0	0.2	0.4	0.6	0.8	1
正解	0	1.653	3.120	3.920	3.253	0
李茲法	0	1.600	3.200	4.000	3.200	0
葛樂金法	0	1.600	3.200	4.000	3.200	0
配點法	0	1.422	2.933	3.733	3.022	0

| 超配點法 | 0 | 1.533 | 3.100 | 3.900 | 3.133 | 0 |
| 最小平方法 | 0 | 1.867 | 3.600 | 4.400 | 3.467 | 0 |

註：以上結果均乘 10^2

2.5　有限元素法

從以上的幾個方法顯示：試驗函數都必須定義在整個解析領域，且必須滿足邊界條件，這對大多數的問題來說，根本不可能，尤其是二維及三維的問題。有限元素法就是為了解決這種困難，它將整個解析領域分割成許多小領域，即一元素，只要將試驗函數定義在此元素，同時先不必考慮邊界條件，如此對試驗函數的選擇就比較簡易了。

本節將以一維的問題為例，分別以變分法及葛樂金法詳細說明如何使用有限元素法解題。

首先討論變分法。若吾人欲求取 $\phi(x)$，以滿足 $d^2\phi/dx^2 = -f(x)$，$a \leq x \leq b$ 及邊界條件 $\phi(a) = A$ ，$\phi(b) = B$ 。如前所述相當於將 $d^2\phi/dx^2 = -f(x)$ 等值的能量泛函，

$$F[\phi] = \frac{1}{2}\int_a^b \left(\frac{d\phi}{dx}\right)^2 dx - \int_a^b f(x)\phi(x)dx \qquad (2.33)$$

予以極小值得到 $\phi(x)$ 的解。

將解析領域 $a \leq x \leq b$ 分割為 n 個節點及 $(n\text{-}1)$ 個等長的元素，當然分割為非等長的元素也是可以的。

假設未知數在一元素內近似為線性變化，則以圖 2.1(a)的一典型元素 e 為例可以寫成，

$$\phi^{(e)}(x) = \phi_1 \frac{x_j - x}{x_j - x_i} + \phi_2 \frac{x - x_i}{x_j - x_i}$$

$$= \lfloor N_i \quad N_j \rfloor \begin{Bmatrix} \phi_i \\ \phi_j \end{Bmatrix} = \lfloor N \rfloor \{\phi\}^{(e)} \tag{2.34}$$

其中

$$N_i(x) = \frac{x_j - x}{x_j - x_i} = \frac{x_j - x}{h} \quad , \quad N_j(x) = \frac{x - x_i}{x_j - x_i} = \frac{x - x_i}{h} \tag{2.35}$$

上式中 $h = x_j - x_i$ 為元素的長度，N_i 及 N_j 稱為形狀函數(Shape functions)或內插函數(Interpolation functions)，從圖 2.1(c)可以看出 N_1 在 x_i 的值等於 1，在 x_j 的值等於 0，有關形狀函數以後將詳細介紹。

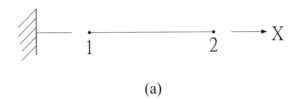

(a)

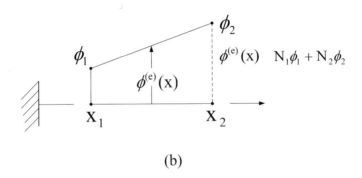

(b)

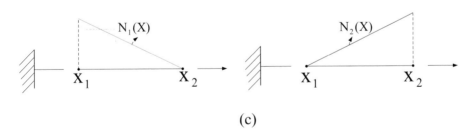

(c)

圖 2.1 (a)一維元素，(b)未知數在元素內近似爲線性變化，及(c)形狀函數將總能量泛函視爲各元素能量泛函之和，即

$$F(\phi) = \sum_{e=1}^{E} F^{(e)}\left(\phi^{(e)}\right) \tag{2.36}$$

上式中 E 爲元素的總和。求 $F^{(e)}\left(\phi^{(e)}\right)$，將(2.34)式代入(2.35)式，得到

$$F^{(e)}\left(\phi^{(e)}\right) = \int_{x_i}^{x_j} \left[\frac{1}{2} \left(\lfloor N'_i \quad N'_j \rfloor \left\{ \begin{matrix} \phi_i \\ \phi_j \end{matrix} \right\} \right)^2 - f(x) \lfloor N_i \quad N_j \rfloor \left\{ \begin{matrix} \phi_i \\ \phi_j \end{matrix} \right\} \right] dx \quad (2.37)$$

上式中 N'_i 代表 N_i 對 x 微分。接著展開對各節點 ϕ 之極小化，得到

$$\frac{\partial F^{(e)}}{\partial \phi_i} = \int_{x_i}^{x_j} \left[N'_i \lfloor N'_i \quad N'_j \rfloor \left\{ \begin{matrix} \phi_i \\ \phi_j \end{matrix} \right\} - f(x) N_i \right] dx = 0$$

及

$$\frac{\partial F^{(e)}}{\partial \phi_j} = \int_{x_i}^{x_j} \left[N'_j \lfloor N'_i \quad N'_j \rfloor \left\{ \begin{matrix} \phi_i \\ \phi_j \end{matrix} \right\} - f(x) N_j \right] dx = 0$$

這些方程式可以寫成

$$[K]^{(e)} \{\phi\}^{(e)} = \{F\}^{(e)} \quad\quad\quad (2.38)$$

其中

$$[K]^{(e)} = \int_{x_i}^{x_j} \left[\begin{matrix} N'_i N'_i & N'_i N'_j \\ N'_j N'_i & N'_j N'_j \end{matrix} \right]^{(e)} dx \quad\quad\quad (2.39a)$$

$$\{F\}^{(e)} = \int_{x_i}^{x_j} \left\{ \begin{matrix} fN_i \\ fN_j \end{matrix} \right\}^{(e)} dx \quad\quad\quad (2.39b)$$

其次，以葛樂金法來求解，葛樂金法就是以形狀函數作爲加權函數，(2.4) 式之試驗函數寫成：

$$\widetilde{\phi}(x) = \sum_{i=1}^{n} N_i(x)\phi_i$$

上式中 n 表示元素的節點數，如圖 2.1(a)的例子 $n = 2$。

對 $d^2\phi / dx^2 = -f(x)$ 中之任一節點爲 1 及 2 的元素，以加權函數加權後作積分並令其爲零，

$$\int_{x_1}^{x_2} \left[\frac{d^2\widetilde{\phi}}{dx^2} + f(x)\right] N_i(x)dx = 0 \,,\, i = 1, 2$$

應用部分積分 $\int_a^b u dv = uv \Big|_a^b - \int_a^b v du$ 公式，得到

$$N_i \frac{d\widetilde{\phi}}{dx}\Big|_{x_1}^{x_2} - \int_{x_1}^{x_2} \frac{d\widetilde{\phi}}{dx}\frac{dN_i}{dx}dx + \int_{x_1}^{x_2} f(x)N_i(x)dx = 0 \,,\, i = 1, 2 \qquad (2.40)$$

上式左邊第一項是由部分積分所產生的自然邊界條件。將試驗函數對 x 微分，得到

$$\frac{d\widetilde{\phi}(x)}{dx} = \sum_{i=1}^{n} \frac{dN_i(x)}{dx}\phi_i = \left\lfloor \frac{dN}{dx}\right\rfloor \{\phi\}^{(e)}$$

代入(2.40)式，得到

$$\int_{x_1}^{x_2} \left[\frac{dN}{dx} \right] \frac{dN_i}{dx} dx \{\phi\}^{(e)} = N_i \frac{d\tilde{\phi}}{dx} \Big|_{x_1}^{x_2} + \int_{x_1}^{x_2} f(x) N_i(x) dx \,, i = 1, 2 \quad (2.41)$$

上式右邊第一項代表一元素的自然邊界條件，計算如下：

$$\text{當 } i = 1 .. \; N_i \frac{d\tilde{\phi}}{dx} \Big|_{x_1}^{x_2} = N_1(x_2) \frac{d\tilde{\phi}(x_2)}{dx} - N_1(x_1) \frac{d\tilde{\phi}(x_1)}{dx} = -\frac{d\tilde{\phi}(x_1)}{dx}$$

$$\text{當 } i = 2 \; N_i \frac{d\tilde{\phi}}{dx} \Big|_{x_1}^{x_2} = N_2(x_2) \frac{d\tilde{\phi}(x_2)}{dx} - N_2(x_1) \frac{d\tilde{\phi}(x_1)}{dx} = \frac{d\tilde{\phi}(x_2)}{dx}$$

上式是應用圖 2.1(c)的 $N_1(x_2) = 0$，$N_2(x_1) = 0$，$N_1(x_1) = 1$，$N_2(x_2) = 1$。
最後得到一元素的方程式為，

$$\begin{bmatrix} K_{11} & K_{12} \\ K_{21} & K_{22} \end{bmatrix}^{(e)} \begin{Bmatrix} \phi_1 \\ \phi_2 \end{Bmatrix}^{(e)} = \begin{Bmatrix} -\dfrac{d\tilde{\phi}(x_1)}{dx} \\ \dfrac{d\tilde{\phi}(x_2)}{dx} \end{Bmatrix} + \begin{Bmatrix} F_1 \\ F_2 \end{Bmatrix}^{(e)} \quad (2.42)$$

其中

$$[K]^{(e)} = \int_{x_1}^{x_2} \begin{bmatrix} N'_1 \, N'_1 & N'_1 \, N'_2 \\ N'_2 \, N'_1 & N'_2 \, N'_2 \end{bmatrix}^{(e)} dx \quad (2.43a)$$

$$\{F\}^{(e)} = \int_{x_1}^{x_2} \begin{Bmatrix} fN_1 \\ fN_2 \end{Bmatrix}^{(e)} dx \tag{2.43b}$$

$[K]^{(e)}$ 與 $\{F\}^{(e)}$ 與變分法完全相同，但因葛樂金法使用部分積分而產生自然邊界條件，如(2.42)式右邊第一項所示，不過它只對有邊界節點的元素才會有影響，即 $x = A$ 及 $x = B$，若 $\phi(a) = A$，則 $d\widetilde{\phi}(a)/dx$ 為未知數，反之，若 $d\widetilde{\phi}(a)/dx$ 已知，則 $\phi(a)$ 為未知數。

[例題四] $d^2\phi/dx^2 = -x$，$0 \le x \le 1$，$\phi(0) = 2$，$\phi'(1) = 3$，試以五個等分之一次線性元素，求近似解。

[解] 對任何一次線性元素，$(2.43a)$ 式可簡化為

$$[K]^{(e)} = \int_{x_1}^{x_2} \begin{bmatrix} N'_1 N'_1 & N'_1 N'_2 \\ N'_2 N'_1 & N'_2 N'_2 \end{bmatrix}^{(e)} dx = \frac{1}{h} \begin{bmatrix} 1 & -1 \\ -1 & 1 \end{bmatrix}$$

其中 $h = x_2 - x_1$，故

$$[K]^{(1)} = \frac{1}{0.2} \begin{bmatrix} 1 & -1 \\ -1 & 1 \end{bmatrix} = 5 \begin{bmatrix} 1 & -1 \\ -1 & 1 \end{bmatrix} = [K]^{(2)} = [K]^{(3)} = [K]^{(4)} = [K]^{(5)}$$

得到整體[K]矩陣為

$$[K] = \sum_{e=1}^{5} [K]^{(e)} = 5 \begin{bmatrix} 1 & -1 & 0 & 0 & 0 & 0 \\ -1 & 2 & -1 & 0 & 0 & 0 \\ 0 & -1 & 2 & -1 & 0 & 0 \\ 0 & 0 & -1 & 2 & -1 & 0 \\ 0 & 0 & 0 & -1 & 2 & -1 \\ 0 & 0 & 0 & 0 & -1 & 1 \end{bmatrix}$$

對任何一次線性元素，(2.43b)式可簡化爲

$$\{F\}^{(1)} = \int_{x_1}^{x_2} \begin{Bmatrix} fN_1 \\ fN_2 \end{Bmatrix}^{(1)} dx = \int_{x_1}^{x_2} x \begin{Bmatrix} \dfrac{x_2 - x}{x_2 - x_1} \\ \dfrac{x - x_1}{x_2 - x_1} \end{Bmatrix} dx = \frac{1}{6} \begin{Bmatrix} x_2^2 + x_1 x_2 - 2x_1^2 \\ 2x_2^2 - x_1 x_2 - x_1^2 \end{Bmatrix} = \frac{1}{150} \begin{bmatrix} 1 \\ 2 \end{bmatrix}$$

同理

$$\{F\}^{(2)} = \frac{1}{6} \begin{Bmatrix} x_3^2 + x_2 x_3 - 2x_2^2 \\ 2x_3^2 - x_2 x_3 - x_2^2 \end{Bmatrix} = \frac{1}{150} \begin{bmatrix} 4 \\ 5 \end{bmatrix} \quad ,$$

$$\{F\}^{(3)} = \frac{1}{6} \begin{Bmatrix} x_4^2 + x_3 x_4 - 2x_3^2 \\ 2x_4^2 - x_3 x_4 - x_3^2 \end{Bmatrix} = \frac{1}{150} \begin{bmatrix} 7 \\ 8 \end{bmatrix} \quad ,$$

$$\{F\}^{(4)} = \frac{1}{6} \begin{Bmatrix} x_5^2 + x_4 x_5 - 2x_4^2 \\ 2x_5^2 - x_4 x_5 - x_4^2 \end{Bmatrix} = \frac{1}{150} \begin{bmatrix} 10 \\ 11 \end{bmatrix} \quad ,$$

$$\{F\}^{(5)} = \frac{1}{6} \begin{Bmatrix} x_6^2 + x_5 x_6 - 2x_5^2 \\ 2x_6^2 - x_5 x_6 - x_5^2 \end{Bmatrix} = \frac{1}{150} \begin{bmatrix} 13 \\ 14 \end{bmatrix}$$

另外，因第五個元素有自然邊界條件 $\phi'(1) = 3$ ，故

$$\{F\}^{(5)} = \left\{ \begin{matrix} -\dfrac{d\widetilde{\phi}(x_5)}{dx} \\ \dfrac{d\widetilde{\phi}(x_6)}{dx} \end{matrix} \right\} + \left\{ \begin{matrix} F_5 \\ F_6 \end{matrix} \right\}^{(5)} = \begin{bmatrix} 0 \\ 3 \end{bmatrix} + \frac{1}{150} \begin{bmatrix} 13 \\ 14 \end{bmatrix} = \frac{1}{150} \begin{bmatrix} 13 \\ 464 \end{bmatrix}$$

得到整體{F}向量為

$$\{F\} = \sum_{e=1}^{5} \{F\}^{(e)} = \frac{1}{150} \begin{bmatrix} 1 & 6 & 12 & 18 & 24 & 464 \end{bmatrix}^T$$

得到

$$5 \begin{bmatrix} 1 & -1 & 0 & 0 & 0 & 0 \\ -1 & 2 & -1 & 0 & 0 & 0 \\ 0 & -1 & 2 & -1 & 0 & 0 \\ 0 & 0 & -1 & 2 & -1 & 0 \\ 0 & 0 & 0 & -1 & 2 & -1 \\ 0 & 0 & 0 & 0 & -1 & 1 \end{bmatrix} \begin{bmatrix} 2 \\ \phi_2 \\ \phi_3 \\ \phi_4 \\ \phi_5 \\ \phi_6 \end{bmatrix} = \frac{1}{150} \begin{bmatrix} 1 \\ 6 \\ 12 \\ 18 \\ 24 \\ 464 \end{bmatrix}$$

解上式得到 $\phi_2 = 2.6987$，$\phi_3 = 3.3893$，$\phi_4 = 4.064$，$\phi_5 = 4.7147$，

$\phi_6 = 5.3333$。而其正解為 $\phi_0 = 2 + 7x/2 - x^3/6$，兩者之誤差很小。

習題

2.1 試利用李茲法、配點法、超配點法、最小平方法、及葛樂金法以指定之試驗函數求以下各偏微分方程式之近似解,並與正解作比較。

(a) $d^2\phi/dx^2 = -e^x$, $0 \le x \le 1$, $\phi(0) = \phi(1) = 0$, 試驗函數為

$\tilde{\phi}(x) = x(1-x)(a+bx)$,正解為 $\phi_0(x) = 1 + (e-1)x - e^x$。

(b) $d^2\phi/dx^2 = 1 + x$, $0 \le x \le 1$, $\phi(0) = 0$, $\phi(1) = 1$,試驗函數為

$\tilde{\phi}(x) = x + ax(x-1) + bx(x^2-1)$,正解為 $\phi_0(x) = x^3/6 + x^2/2 + x/3$。

2.2 $d^2\phi/dx^2 = -2$, $0 \le x \le 1$, $\phi(0) = 0$, $\phi'(1) = 0$,試以李茲法並用下面之試驗函數 $\phi_2(x) = 2 + ax + bx^2$ 求近似解, 並與正解 $\phi_0(x) = 2x - x^2$ 作比較。

2.3 試利用李茲法、變分法及葛樂金法,以 $\tilde{\phi}(x) = +ax(1-x) + bx^2(1-x)$ 為試驗函數,求 $d^2\phi/dx^2 + \phi + x = 0$, $0 \le x \le 1$, $\phi(0) = 0$, $\phi(1) = 0$ 之近似解,並與正解 $\phi_0(x) = \dfrac{\sin x}{\sin 1} - x$ 作比較。其能量泛函為

$$F[\phi] = \frac{1}{2}\int_0^1 \left[\left(\frac{d\phi}{dx}\right)^2 - \phi^2 - 2x\phi \right] dx \ 。$$

2.4 試利用葛樂金有限元素法以三個等長的一次線性元素,求以下各偏

微分方程式之近似解。

(a) $d^2\phi/dx^2 = -2$，$0 \le x \le 1$，$\phi(0) = 0$，$\phi(1) = 1$。

(b) $d^2\phi/dx^2 = -2$，$0 \le x \le 1$，$\phi(0) = 0$，$\phi'(1) = 1$。

(c) $d^2\phi/dx^2 = \phi$，$0 \le x \le 1$，$\phi(0) = 0$，$\phi(1) = 1$。

(d) $d^2\phi/dx^2 = \phi$，$0 \le x \le 1$，$\phi(0) = 0$，$\phi'(1) = 1$。

(e) $d^2\phi/dx^2 = -4\phi + x^2$，$0 \le x \le 1$，$\phi(0) = 0$，$\phi(1) = 0$。

參考文獻

[1] O. C. Zienkiewicz, and K. Morgan, Finite Elements and Approximation, John Wiley and Sons, Inc., 1983.

[2] L. J. Segerlind, Applied Finite Element Analysis, 2nd Ed., John Wiley and Sons, Inc., 1984.

[3] K. H. Huebner, E. A. Thornton, and T. G. Byrom, The Finite Element for Engineers, John Wiley and Sons, Inc., 1995.

[4] J. Jin, The Finite Element Method in Electromagnetics, 2nd Ed., John Wiley and Sons, Inc., 2002.

CHAPTER 3

電磁場基本定理

傳統馬克士威爾方程式，及各電場或磁場向量間之關係式，配合適當之邊界條件，便可以定義唯一之場向量。本章將先複習馬克士威爾方程式，再推導相關之電磁場方程式。

3.1　電磁場分佈之分類

在推導電磁場之基本方程式前，對電磁場之分佈情形先加以分類，一般將它分為二維場、軸對稱(Axi-symmetric)三維場及三維場等三種。

如圖 3.1(a)所示為一 C 型鐵心上繞有線圈，實質上這是三維問題，x-y-z 座標如圖上所示，但除 z-軸兩端外，沿 z-軸之場變化幾乎一樣。因此，通常將此三維場簡化為二維場，即 x-y 平面上來分析，如圖 3.1(b)

所示即為 *x-y* 平面之二維場。如圖 3.2(a)所示為一圓柱形繼電器，鐵心

及線圈均以 *z*-軸為中心成為軸對稱，如圖上所示可標示為圓柱座標 *r-θ-z*

系統，但沿 *θ*-軸之場變化幾乎一樣。因此，通常將此三維圓柱座標場簡

化在 *r-z* 平面上二維來分析，如圖 3.2(b)所示。

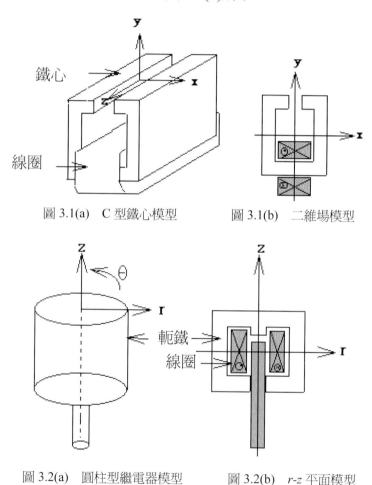

圖 3.1(a)　C 型鐵心模型　　　　圖 3.1(b)　二維場模型

圖 3.2(a)　圓柱型繼電器模型　　　圖 3.2(b)　*r-z* 平面模型

3.2　馬克士威爾方程式

馬克士威爾方程式之積分形式可寫成如下：

$$\oint_C \vec{E} \cdot d\vec{l} = -\frac{d}{dt} \iint_S \vec{B} \cdot d\vec{s} \qquad \text{(法拉第定律)} \qquad (3.1)$$

$$\oint_C \vec{H} \cdot d\vec{l} = \frac{d}{dt} \iint_S \vec{D} \cdot d\vec{s} + \iint_S \vec{J} \cdot d\vec{s} \qquad \text{(安培定律)} \qquad (3.2)$$

$$\oiint_S \vec{D} \cdot d\vec{s} = \iiint_V \rho dv \qquad \text{(高斯定律)} \qquad (3.3)$$

$$\oiint_S \vec{B} \cdot d\vec{s} = 0 \qquad (3.4)$$

在(3.1)及(3.2)式中，S 為任意被輪廓 C 所界限的開放平面(Open surface)，在(3.3)及(3.4)式中，S 為任意被體積 V 所包圍的封閉平面(Closed surface)。

上式中

$\vec{E}$ = 電場強度(electric field intensity)，V/m。

$\vec{H}$ = 磁場強度(magnetic field intensity)，A/m。

$\vec{D}$ = 電通密度(electric flux density)，C/m。

$\vec{B}$ = 磁通密度(magnetic flux density)，Tesla（Wb/m^2）。

$\vec{J}$ = 電流密度（electric current density），A/m^2。

3-3

$\rho =$ 電荷密度（electric charge density），C/m^2。

另外，所謂的連續方程式(Equation of continuity)為：

$$\oiint_s \vec{J} \cdot d\vec{s} = -\frac{d}{dt} \iiint \rho dv \qquad (3.5)$$

上面五個式子不管任何介質，與任何形狀的體積分、面積分及線積分均成立。

馬克士威爾方程式之微分形式可寫成如下：

$$\nabla \times \vec{E} + \frac{\partial \vec{B}}{\partial t} = 0 \qquad (3.6)$$

$$\nabla \times \vec{H} - \frac{\partial \vec{D}}{\partial t} = \vec{J} \qquad (3.7)$$

$$\nabla \cdot \vec{D} = \rho \qquad (3.8)$$

$$\nabla \cdot \vec{B} = 0 \qquad (3.9)$$

$$\nabla \cdot \vec{J} = -\frac{\partial \rho}{\partial t} \qquad (3.10)$$

上面五個式子，在時變場中，只有其中三個式子是獨立的，即所謂的獨立方程式(Independent equations)，例如：(3.6)至(3.8)式，或(3.6)、(3.7)及(3.10)式為二組三個獨立方程式。而(3.9)及(3.10)式或(3.9)及(3.8)式可從獨立方程式推導得到，故稱為輔助或相依方程式(Auxiliary or dependent equations)。

在非時變場中，因所有場向量不隨時間變化，稱爲靜態場(Static field)，(3.6)至(3.8)式可寫成如下：

$$\nabla \times \vec{E} = 0 \tag{3.11}$$

$$\nabla \times \vec{H} = \vec{J} \tag{3.12}$$

$$\nabla \cdot \vec{J} = 0 \tag{3.13}$$

(3.8)及(3.9)式不變，很明顯的，電場與磁場互不相感應，故(3.8)及(3.11)式爲靜電場(Electrostatic field)，(3.9)、(3.12)及(3.13)式爲靜磁場(Magnetostatic field)。

若各場向量均隨弦波作緩慢的變化，即 $e^{j\omega t}$，其中 ω 爲角頻率。則(3.6)、(3.7)及(3.10)式可寫成如下：

$$\nabla \times \vec{E} + j\omega\vec{B} = 0 \tag{3.14}$$

$$\nabla \times \vec{H} - j\omega\vec{D} = \vec{J} \tag{3.15}$$

$$\nabla \cdot \vec{J} = -j\omega\rho \tag{3.16}$$

在馬克士威爾五個方程式中，只有三個獨立方程式，可知未知的場向量數目多於方程式，這些場向量間並非獨立存在，故必須建立場向量在介質材料間的關係，其關係如下式：

$$\vec{D} = \varepsilon\vec{E} \tag{3.17}$$

$$\vec{B} = \mu\vec{H} \tag{3.18}$$

$$\vec{J} = \sigma\vec{E} \tag{3.19}$$

其中

$\varepsilon =$ 介電率（susceptility），F/m。

$\mu =$ 導磁率（permeability），H/m。

$\sigma =$ 導電率（conductivity），S/m。

3.3 邊界條件

解析電磁場問題時，必須包括前節之微分方程式外，還要考慮邊界條件。在兩不同介質材料之界面，各場向量間有以下連續條件之關係：

$$\hat{n} \cdot \left(\vec{B}_2 - \vec{B}_1\right) = 0 \tag{3.20}$$

$$\hat{n} \times \left(\vec{H}_2 - \vec{H}_1\right) = \vec{K}_s \tag{3.21}$$

$$\hat{n} \cdot \left(\vec{D}_2 - \vec{D}_1\right) = \rho_s \tag{3.22}$$

$$\hat{n} \times \left(\vec{E}_2 - \vec{E}_1\right) = 0 \tag{3.23}$$

其中

$\hat{n}$ ＝ 垂直於材料＃1 與＃2 界面之單位向量。

$\vec{K}_s$ ＝ 面電流密度

ρ_s ＝ 面電荷密度

上面四個式中，只有其中二組式子是獨立的：(3.20)及(3.23)，(3.21)及(3.22)。又(3.20)及(3.23)式分別說明磁通密度的垂直份量及電場強度的切線份量是連續的。而(3.21)及(3.22)式分別說明磁場強度的切線份量及電通密度的垂直份量是不連續的。

以上這些組合之方程式已足以決定場向量。然而，從計算的觀點來看，並不建議直接去解析馬克斯威爾方程式，而是將含有二個場向量的一次微分方程式，轉變成二次微分方程式，亦即由馬克斯威爾方程式推導出支配方程式，下節將推導靜電場支配方程式。

3.4　直角座標靜電場支配方程式

靜電場是馬克斯威爾方程式的一個特例，由式(3.11)及向量等式

$\nabla \times \nabla \phi = 0$ 知 $\vec{E}$ 可從一純量 ϕ 推導出來，即

$$\vec{E} = -\nabla \phi \tag{3.24}$$

上式中之負號是任意取的，主要在方便使用。由式(3.8)及式(3.17)得，

$$\nabla \cdot \left(\varepsilon \nabla \phi \right) = -\rho \tag{3.25}$$

通常材料之介電率 ε 為張量(Tensor)形式，由式(3.17)得，

$$\begin{bmatrix} D_x \\ D_y \\ D_z \end{bmatrix} = \begin{bmatrix} \varepsilon_{xx} & \varepsilon_{xy} & \varepsilon_{xz} \\ \varepsilon_{yx} & \varepsilon_{yy} & \varepsilon_{yz} \\ \varepsilon_{zx} & \varepsilon_{zy} & \varepsilon_{zz} \end{bmatrix} \begin{bmatrix} E_x \\ E_y \\ E_z \end{bmatrix} \tag{3.26}$$

在一等方向性(Isotropic)材料中，上式中之非對角項均為零，且以 $\varepsilon_x, \varepsilon_y, \varepsilon_z$ 取代 $\varepsilon_{xx}, \varepsilon_{yy}, \varepsilon_{zz}$，則式(3.20)可寫成以下靜電場之三維直角座標支配方程式，

$$\frac{\partial}{\partial x}(\varepsilon_x \frac{\partial \phi}{\partial x}) + \frac{\partial}{\partial y}(\varepsilon_y \frac{\partial \phi}{\partial y}) + \frac{\partial}{\partial z}(\varepsilon_z \frac{\partial \phi}{\partial z}) = -\rho \tag{3.27}$$

此乃波松方程式，在解二維問題時式(3.21)變成

$$\frac{\partial}{\partial x}(\varepsilon_x \frac{\partial \phi}{\partial x}) + \frac{\partial}{\partial y}(\varepsilon_y \frac{\partial \phi}{\partial y}) = -\rho \tag{3.28}$$

3.5　軸對稱靜電場支配方程式

　　軸對稱問題(Axisymmetric problems)經常出現在實際的電機產品上，故我們也將在下面推導靜電場之軸對稱方程式。

　　若場向量對 z 軸成圓柱對稱，則可得

$$\nabla \phi = \frac{\partial \phi}{\partial r} a_r + \frac{1}{r} \frac{\partial \phi}{\partial \theta} a_\theta + \frac{\partial \phi}{\partial z} a_z \tag{3.29}$$

$$\nabla \cdot \vec{D} = \frac{1}{r} \frac{\partial}{\partial r}(rD_r) + \frac{1}{r} \frac{\partial D_\theta}{\partial \theta} + \frac{\partial D_z}{\partial Z} \tag{3.30}$$

　　其中 a_r, a_θ, a_z 分別為 $r, \theta,\ z$ 方向之單位向量，比較(3.24)及式(3.29)得

$$E_r = -\frac{\partial \phi}{\partial r} \ , \quad E_\theta = -\frac{1}{r} \frac{\partial \phi}{\partial \theta} \ , \quad E_z = -\frac{\partial \phi}{\partial z} \tag{3.31}$$

在一等方向性材料中，式(3.17)可寫成

$$\begin{bmatrix} D_r \\ D_\theta \\ D_z \end{bmatrix} = \begin{bmatrix} \varepsilon_r & 0 & 0 \\ 0 & \varepsilon_\theta & 0 \\ 0 & 0 & \varepsilon_z \end{bmatrix} \begin{bmatrix} E_r \\ E_\theta \\ E_z \end{bmatrix} \tag{3.32}$$

　　最後，由式(3.8)、(3.30)、(3.31)及(3.32)得

$$\frac{1}{r}\frac{\partial}{\partial r}(r\varepsilon_r\frac{\partial\phi}{\partial r}) + \frac{\partial}{\partial z}(\varepsilon_z\frac{\partial\phi}{\partial z}) = -\rho \qquad (3.33)$$

此乃靜電場之軸對稱支配方程式。

3.6 向量磁位

每一磁場向量有唯一之大小及方向，兩者在空間中可因位置不同而有所不同。產生磁場向量來源有二：永久磁石(Permanent magnets)及電流，來源雖異，但兩者所產生之磁場向量並無差別。以數值方法來解析電磁場問題比靜電場問題複雜許多，因為電磁場問題中含有非線性之鐵磁性材料。在以下各節將討論靜磁場及渦流問題。首先，介紹一新的物理量，即向量磁位(Magnetic vector potential，MVP) $\vec{A}$ ，此量對以下的分析非常有用。

任一向量 $\vec{A}$ 的漩度(Curl)再作散度(Divergence)後即為零，相當於下式：

$$\nabla \cdot \nabla \times \vec{A} = 0 \qquad (3.34)$$

若定義向量 $\vec{A}$ 如上式，則馬克斯威爾方程式(3.4)即可滿足，此向量 $\vec{A}$ 稱為向量磁位，並且有以下關係：

$$\vec{B} = \nabla \times \vec{A} \qquad (3.35)$$

從另一個方向來思考，若在式(3.2)安培定律中忽略電通密度的時間變化項，即，

$$\oint_C \vec{H} \cdot dl = \iint_S \vec{J} \cdot ds = i \tag{3.36}$$

(3.36)式說明以磁場強度為變數可以用來求電流，以此類推，若定義向量 $\vec{A}$ 如(3.36)式的積分可以得到磁通 ψ，即，

$$\oint_C \vec{A} \cdot dl = \psi \tag{3.37}$$

與(3. 12)式 $\nabla \times \vec{H} = \vec{J}$ 做比較，亦可以得到(3.35)式。

不過，式(3.35)並不能完全定義向量 $\vec{A}$，根據赫姆赫茲定理(Helmholtz theorem)中有關向量的說明：若且唯若一向量的漩度及散度與其值在空間中某些點為已知，則此向量為唯一。因此，尚須定義向量 $\vec{A}$ 的散度，否則如下式亦能滿足式(3.35)，使其有多組解。

$$\vec{A}' = \vec{A} + \nabla \phi \tag{3.38}$$

其中 ϕ 為任意函數。因此，我們定義向量 $\vec{A}$ 的散度為

$$\nabla \cdot \vec{A} = 0 \tag{3.39}$$

此為哥倫準則(Coulomb gauge)。但必須注意的是即使 $\vec{A}$ 不是唯一，但向量 $\vec{B}$ 永遠是唯一的。因此，若只要求解 $\vec{B}$ 時，並不須要加上任何準則。

其實，在物理意義上，向量磁位沿任意封閉路徑的線積分等於通過此封閉路徑所包圍之曲面的總磁通量如(3.37)式，向量磁位的方向是在垂直磁通密度的平面上。在二維的問題上向量磁位的方向正好與電流的方向平行，且等磁向量磁位之連線可代表相對應之等磁力線。

3.7　直角座標靜磁場支配方程式

考慮時變的情況，由式(3.6)及式(3.35)得

$$\vec{E} = -\left(\frac{\partial \vec{A}}{\partial t} + \nabla V\right) \tag{3.38}$$

此時電場強度 $\vec{E}$ 由 $\vec{A}$ 與純量電位(Electric scalar potential，ESP) V 來決定，即包括時變之磁通交鏈($-\partial\vec{A}/\partial t$)，及控制電場強度分佈之電荷之聚積($-\nabla V$)兩項。其中($-\partial\vec{A}/\partial t$)項與電路中之電場強度分佈無關，而($-\nabla V$)項依問題之需要，可以看視為當局部區域有($-\partial\vec{A}/\partial t$)變化時，使電路中之感應電流分佈均勻。將式(3.6)、(3.7)及(3.8)結合起來，

可以得到一方程式稱爲 A-V 算則(Formulation)如下：

$$\nabla \times \frac{1}{\mu} \nabla \times \vec{A} = -\sigma \left(\frac{\partial \vec{A}}{\partial t} + \nabla V \right) \tag{3.39}$$

又由式(3.13) $\nabla \cdot \vec{J} = 0$ 得，

$$\nabla \cdot \sigma \left(\frac{\partial \vec{A}}{\partial t} + \nabla V \right) = 0 \tag{3.40}$$

式(3.39)及(3.40)便是定義在介質之導電率爲 σ 導磁率爲 μ 區域內之半靜態場(Quasi-static field)。

考慮靜磁場問題(Magnetostatic problems)，亦即若電流密度 $\vec{J}_s$ 已知，則由式(3.7)及(3.8)得，

$$\nabla \times \frac{1}{\mu} \nabla \times \vec{A} = \vec{J}_s \tag{3.41}$$

在分析二維問題時，式(3.41)非常有用，因爲 $\vec{A}$ 與 $\vec{J}_s$ 均只有單一方向之分量(通常假設爲 z 向)。但在分析三維問題時，式(3.41)就出現明顯之缺點，例如每一節點由單一方向之未知分量變成三個方向之未知分量，同時 $\vec{A}$ 準則必須訂定。

由式(3.41)，可以得到三維靜磁場問題的公式

$$\frac{\partial}{\partial y}\left(\upsilon_z\frac{\partial A_y}{\partial x}\right)+\frac{\partial}{\partial z}\left(\upsilon_y\frac{\partial A_z}{\partial x}\right)-\frac{\partial}{\partial y}\left(\upsilon_z\frac{\partial A_x}{\partial y}\right)-\frac{\partial}{\partial z}\left(\upsilon_y\frac{\partial A_z}{\partial z}\right)=J_x$$

$$\frac{\partial}{\partial z}\left(\upsilon_x\frac{\partial A_z}{\partial y}\right)+\frac{\partial}{\partial x}\left(\upsilon_z\frac{\partial A_x}{\partial y}\right)-\frac{\partial}{\partial z}\left(\upsilon_x\frac{\partial A_y}{\partial z}\right)-\frac{\partial}{\partial x}\left(\upsilon_z\frac{\partial A_y}{\partial x}\right)=J_y \qquad (3.42)$$

$$\frac{\partial}{\partial x}\left(\upsilon_y\frac{\partial A_x}{\partial z}\right)+\frac{\partial}{\partial y}\left(\upsilon_x\frac{\partial A_y}{\partial z}\right)-\frac{\partial}{\partial x}\left(\upsilon_y\frac{\partial A_z}{\partial x}\right)-\frac{\partial}{\partial y}\left(\upsilon_x\frac{\partial A_z}{\partial y}\right)=J_z$$

上式中 $\upsilon=1/\mu$ 稱磁阻率(Reluctivity)。在二維問題，$A_x=A_y=0$，且 $J_x=J_y=0$，得

$$\frac{\partial}{\partial x}\left(\upsilon_y\frac{\partial A_z}{\partial x}\right)+\frac{\partial}{\partial y}\left(\upsilon_x\frac{\partial A_z}{\partial y}\right)=-J_z \qquad (3.43)$$

3.8 軸對稱靜磁場支配方程式

以下將討論軸對稱靜磁場問題，在圓柱座標中 $\nabla\times\vec{A}$ 可表示如下：

$$\nabla\times\vec{A}=\frac{1}{r}\begin{vmatrix} \vec{a}_r & r\vec{a}_\theta & \vec{a}_z \\ \dfrac{\partial}{\partial r} & \dfrac{\partial}{\partial\theta} & \dfrac{\partial}{\partial z} \\ A_r & rA_\theta & A_z \end{vmatrix} \qquad (3.44)$$

在軸對稱之條件下，$A_r=A_z=0$ 且 $\partial/\partial\theta=0$，得

$$\nabla\times\vec{A}=\frac{1}{r}\begin{vmatrix} \vec{a}_r & r\vec{a}_\theta & \vec{a}_z \\ \dfrac{\partial}{\partial r} & 0 & \dfrac{\partial}{\partial z} \\ 0 & rA_\theta & 0 \end{vmatrix}=-\frac{\partial A_\theta}{\partial z}\vec{a}_r+\frac{1}{r}\frac{\partial}{\partial r}\left(rA_\theta\right)a_z$$

$$= B_r \vec{a}_r + B_z \vec{a}_z \tag{3.45}$$

其中

$$B_r = -\frac{\partial A_\theta}{\partial z}$$

$$B_z = \frac{1}{r}\frac{\partial}{\partial r}(rA_\theta) = \frac{A_\theta}{r} + \frac{\partial A_\theta}{\partial r} \tag{3.46}$$

因 $\vec{H} = \upsilon \vec{B}$，故得

$$\begin{bmatrix} H_r \\ H_\theta \\ H_z \end{bmatrix} = \begin{bmatrix} \upsilon_r & 0 & 0 \\ 0 & \upsilon_\theta & 0 \\ 0 & 0 & \upsilon_z \end{bmatrix} \begin{bmatrix} -\dfrac{\partial A_\theta}{\partial z} \\ 0 \\ \dfrac{1}{r}\dfrac{\partial}{\partial r}(rA_{\theta)} \end{bmatrix} \tag{3.47}$$

因 $\nabla \times \vec{H} = \vec{J}$ 且 $\vec{J}$ 只有 θ 方向存在，故可寫成

$$\nabla \times \vec{H} = \frac{1}{r} \begin{vmatrix} \vec{a}_r & r\vec{a}_\theta & \vec{a}_z \\ \dfrac{\partial}{\partial r} & 0 & \dfrac{\partial}{\partial z} \\ -\upsilon_r \dfrac{\partial A_\theta}{\partial z} & 0 & \upsilon_z \dfrac{1}{r}\dfrac{\partial}{\partial r}(rA_\theta) \end{vmatrix} = J_\theta \tag{3.48}$$

故軸對稱靜磁場問題之支配方程式

$$\frac{\partial}{\partial r}\left(\frac{\upsilon_z}{r}\frac{\partial}{\partial r}(rA_\theta)\right) + \frac{\partial}{\partial z}\left(\upsilon_r \frac{\partial A_\theta}{\partial z}\right) = -J_\theta \tag{3.49}$$

3-15

3.9　暫態磁場問題−向量磁位解析法

　　暫態磁場問題可以用許多方法建立其支配方程式，首先以向量磁位來推導之。式(2.38)重寫如下：

$$\vec{E} = -\left(\frac{\partial \vec{A}}{\partial t} + \nabla V\right) \tag{3.38}$$

由式(2.19)電流密度 $\vec{J}$ 可區分為兩項，即

$$\vec{J} = \vec{J}_0 + \vec{J}_e \tag{3.50}$$

其中 $\vec{J}_0$ 為外加驅動之電流密度，而渦流(Eddy current)電流密度 $\vec{J}_e$ 由式(3.32)及(3.7)可得到

$$\vec{J}_e = \sigma \vec{E}_e = -\sigma\left(\frac{\partial \vec{A}}{\partial t} + \nabla V\right) \tag{3.51}$$

其中 $\vec{E}_e$ 誘導產生渦流之電場，在二維時，渦流只有 z 方向存在，故

$$J_{ez} = -\sigma\left(\frac{\partial A_z}{\partial t} + \frac{\partial V}{\partial z}\right) \tag{3.52}$$

由式(3.43)，暫態磁場之支配方程式為

$$\frac{\partial}{\partial x}\left(\upsilon_y \frac{\partial A_z}{\partial x}\right) + \frac{\partial}{\partial y}\left(\upsilon_x \frac{\partial A_z}{\partial y}\right) = -J_0 + \sigma \frac{\partial A_z}{\partial t} + \sigma \frac{\partial V}{\partial z} \qquad (3.53)$$

3.10 暫態磁場問題－向量電位解析法

磁場強度可以分為以下兩種：

$$\vec{H} = \vec{H}_0 + \vec{H}_s \qquad (3.54)$$

其中 $\vec{H}_0$ 是由外加電流密度 $\vec{J}_0$ 所引起，可由畢奧沙瓦定律

(Biot-Savart law)求得

$$\vec{H}_0 = \frac{1}{4\pi} \iiint_v \frac{\vec{J}_0 \times r}{r^3} dxdydz \qquad (3.55)$$

而 $\vec{H}_c$ 是由渦電流密度 $\vec{J}_e$ 所引起，且

$$\nabla \times H_e = J_e \qquad (3.56)$$

因渦電流密度 $\vec{J}_e$ 滿足散度條件，即

$$\nabla \cdot \vec{J}_e = 0 \qquad (3.57)$$

故渦電流密度 J_e 可以一向量位能 $\vec{T}$ 來表示：

$$\vec{J}_e = \nabla \times \vec{T} \tag{3.58}$$

比較式(3.56)及(3.57)顯示 $\vec{H}_e$ 與 $\vec{T}$ 之差異可以一純量之梯度來表示：

$$\vec{H}_e = \vec{T} - \nabla\Omega \tag{3.59}$$

其中 Ω 是純量位能，故

$$\vec{H} = \vec{H}_0 + \vec{T} - \nabla\Omega \tag{3.60}$$

因此向量電位 $\vec{T}$ (Electric vector potential, EVP)來表示之，相關電磁場方程式可由式(3.7)及(3.8)

$$\nabla \times \frac{1}{\sigma} \nabla \times \vec{T} = \mu \frac{\partial}{\partial t}\left(\vec{H}_0 + \vec{T} - \nabla\Omega\right) \tag{3.61}$$

在二維系統，上式可寫成

$$\frac{\partial^2 \vec{T}}{\partial x^2} + \frac{\partial^2 \vec{T}}{\partial y^2} = \mu\sigma \frac{\partial}{\partial t}\left(H_{0z} + \vec{T} - \frac{\partial\Omega}{\partial z}\right) \tag{3.62}$$

3.11 含永磁材料之支配方程式

在推導含永磁材料之支配方程式前，必須先瞭解它們的操作特性。永磁在充磁後但尚未受任何形式之減磁前，其特性在第二象限，如圖 3.3 所示四種主要磁石的特性曲線。

第一類是鋁鎳鈷磁石(AlNiCo)，第二類包括氧化鐵磁石(Ferrite)、及釤鈷磁石(SmCo)與釹鐵硼磁石(NdFeB)等稀土類磁石。它們最重要的特性有：剩磁 B_r (Residual or Remanent flux density)、及保磁力或抗磁力 H_c (Coercive force)。

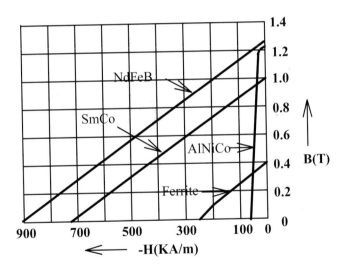

圖 3.3　永磁磁石的特性曲線

此二類磁石在發生減磁時，會有不同的特性。考慮第一類的鋁鎳鈷磁石減磁情況時，必須計算整個磁路的磁阻，由於此磁阻使磁石在圖 3.4 的 A 點工作，此時磁通密度為 B_1，磁場為 H_1，OA 線稱為工作線，代表整個磁路的磁阻。如果發生更大的減磁而使工作點移到 C 點，此時磁石沿回復線(Recoil line)CD 工作，並與 OA 線交於 E 點，此時磁通密度爲 B_2，磁場爲 H_2。持續的磁場變化，磁石頭沿回復線工作。但若工作點降至如 F 點，迫使減磁情況沿另一條約與回復線 CD 平行的新回復線 FG，計算時必須考慮整個磁場變化的過程。

第二類磁石在充磁後未減磁前，其第二象限的減磁特性爲線性，故在計算上較爲簡單，回復線幾乎與減磁曲線一致。磁石的特性可描寫如下：

$$\vec{B} = \mu_r \mu_0 \left(\vec{H} - \vec{H}_C \right) \tag{3.63}$$

上式中 $\vec{H}$ 及 $\vec{H}_C$ 均爲負值，μ_r 爲 $\vec{H}$ 的函數。

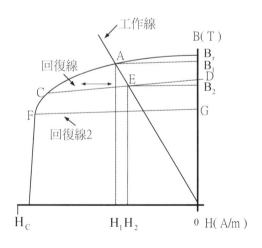

圖 3.4 磁石的動態特性

　　當描述電磁場的算則時，磁石可視爲沿某一方向軸充磁，同時不受其他來自垂直方向磁場的影響。在有限元素的計算上，磁石可用電流源來等效。

　　由式(3.63)，得到

$$\vec{H} = \frac{\vec{B}}{\mu_r \mu_0} + \vec{H}_C \tag{3.64}$$

兩邊作旋度，

$$\nabla \times \vec{H} = \nabla \times \left(\frac{\vec{B}}{\mu_r \mu_0} \right) + \nabla \times \vec{H}_C \tag{3.65}$$

因磁石上無電流，又 $\vec{B} = \nabla \times \vec{A}$，得到

$$\nabla \times \nabla \times \left(\frac{\vec{A}}{\mu_r \mu_0} \right) + \nabla \times \vec{H}_C = 0 \tag{3.66}$$

　　上式與式(3.41)相似，其中 $\nabla \times \vec{H}_C$ 相當於外加電流密度 J，因此在解析二維問題時，$\nabla \times \vec{H}_C$ 可以用等效電流密度 J_m 來表示。

3.12 雙純量磁位

　　靜磁場支配方程式(3.41)適於解析二維問題，如式(3.43)所示。但解析三維問題時，如全部使用向量磁位 A 為變數，即如式(3.42)所示，每一節點必須同時計算三個份量之向量磁位，而且支配方程式必須與相關的準則合併一起解，如 3.6 節所述，不但解析複雜，而且需浪費計算機的儲存空間及計算時間。因此，便有使用純量磁位(Scalar potential)的提案，純量磁位包括：總純量磁位(Total scalar potential，TSP)及簡純量磁位(Reduced scalar potential，RSP)，不僅適用於三維問題，也同時適用於二維問題，或各自與向量磁位交叉合併應用於解析同一問題，但純量磁位有各自適用或不適用的材料區域。

　　重寫馬克士威爾方程式之(3.7)式如下：

$$\nabla \times \vec{H} - \frac{\partial \vec{D}}{\partial t} = \vec{J} \tag{3.7}$$

若在無電流的區域中，上式變成

$$\nabla \times \vec{H} = 0 \tag{3.62}$$

$\vec{H}$ 可以表示為任一純量磁位 ψ 之梯度，即

$$\vec{H} = -\nabla \psi \tag{3.63}$$

上式中 ψ 即稱為總純量磁位。由(3.9)式 $\nabla \cdot \vec{B} = 0$ 及(3.18)式 $\vec{B} = \mu\vec{H}$

得到

$$\nabla \cdot \left(\mu \nabla \psi \right) = 0 \tag{3.64}$$

上式中 ψ 的單位為安培，在有電流的區域中，此值並不是唯一的，故它僅適用於無電流的區域，例如：適用於單連區域(Simply connected regions)的鐵芯，但對複連區域(Multiply connected regions)，如變壓器的鐵芯就不適用，因而降低了它的可用性。

吾人另外定義一所謂的簡純量磁位,其梯度僅表示磁場強度 $\vec{H}$ 中的一部份。若磁場強度 $\vec{H}$ 可以分成二部份，

$$\vec{H} = \vec{H}_m + \vec{H}_c \tag{3.65}$$

其中磁場強度 $\vec{H}_c$ 是由載電流之導體所產生，其餘為 $\vec{H}_m$，由此劃分得到，

$$\nabla \times \vec{H}_m = 0 \tag{3.66}$$

$\vec{H}_m$ 可以表示為任一純量磁位 ϕ 之梯度，即

$$\vec{H} = -\nabla \phi \tag{3.67}$$

上式中 ϕ 即簡純量磁位。$\vec{H}_c$ 由載電流之導體所產生，用畢奧沙瓦定律(Biot-Savart Law)計算如下：

$$\vec{H}_c = \frac{1}{4\pi} \nabla \times \iiint_V \frac{\vec{J} \times \vec{r}}{|r|^3} dv \tag{3.68}$$

(3.68)式可以分析解或數值積分求解。由(3.65)式

$$\nabla \cdot \left(\mu \nabla \phi \right) = \nabla \cdot \left(\mu \vec{H}_c \right) \tag{3.69}$$

總純量磁位不適用於有電流之區域，而簡純量磁位則適用，但簡純量磁位使用在高導磁材料區域並不一定精確，因為在此區域，$\mu \gg \mu_0$，磁場強度非常小，若使用簡純量磁位為變數，則該區域所得到的磁場強度，包括電流源產生之磁場強度(例如使用畢奧沙瓦定律計算所得)，及簡純量磁位之梯度的負值，因 $\vec{H} \approx 0$，此二個磁場強度必須幾乎接近抵消，小小的誤差往往造成磁場強度很大的變動，為了避免發生此現象，故簡純量磁位使用在電流區域，通常為 $\mu \approx \mu_0$ 的區域，而總純量磁位使用在高導磁材料區域，通常為無電流區域，此乃同時使用雙純量磁位的模式。

因總純量磁位僅適用於電流漩度為零的區域，故不可以在使用總

純量磁位的區域，找到任一包圍電流的路徑。例如圖 3.5 C 型電感器中
(屬於單連區域)，在鐵芯以外的區域使用簡純量磁位，在鐵芯區域因找
不到一路徑包圍電流，即 $\oint \vec{H} \cdot d\vec{l} = 0$，故使用總純量磁位。但在圖 3.6
窗型鐵芯電感器中(屬於複連區域)，很明顯地在鐵芯區域可以找到一路
徑包圍電流，故同時使用雙純量磁位的模式就有問題產生。但利用結構
的對稱性，只分析窗型鐵芯電感器上半領域，則電感器由複連變成單連
區域，便可同時使用雙純量磁位的模式。

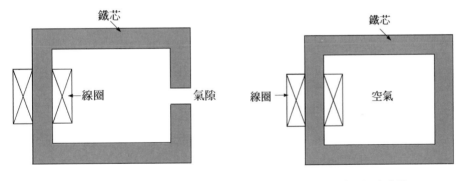

圖 3.5　C 型鐵芯電感器　　　　圖 3.6 窗型鐵芯電感器

同時使用雙純量磁位必須滿足邊界條件，$\vec{H} \times \hat{n} = 0$ 及 $\vec{B} \cdot \hat{n} = 0$。亦
即，

$$\frac{\partial \psi}{\partial t} = \frac{\partial \phi}{\partial t} - H_{ct} \tag{3.70}$$

$$\mu_1 \frac{\partial \psi}{\partial n} = \mu_2 \left(\frac{\partial \phi}{\partial n} - H_{cn} \right) \tag{3.71}$$

上式中 H_{cn} 及 H_{ct} 分別代表 $\vec{H}_c$ 之垂直及切線份量，將(3.73)沿邊界積分得

$$\psi = \phi - \int H_{ct}\,dt \tag{3.72}$$

以下以 C 型電感器為例，說明使用雙純量磁位的應用。

[例題一]

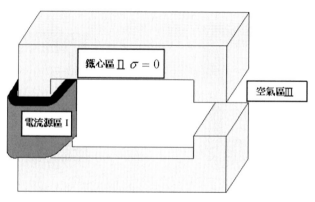

圖 3.7　C 型電感器

首先，在鐵芯區(Ⅱ)及空氣區(Ⅲ)，並無電流，此兩區域使用 φ，相關方程式如下：

$$\nabla \times H = 0$$
$$H = -\nabla \varphi$$
$$\nabla \bullet \mu \nabla \varphi = 0$$
$$\nabla \bullet B = 0$$

其次，在電流源區(Ⅰ)，此區域使用 ϕ，相關方程式如下：

$$\nabla \times H_M = 0$$
$$\nabla \times H_S = J$$
$$H_M = -\nabla \phi$$
$$H = H_M + H_S$$
$$\nabla \bullet \mu_0 \nabla \phi = \nabla \bullet \mu_0 H_S$$
$$\nabla^2 \phi = 0$$

參考圖 3.8，在邊界 $\Gamma_{\varphi\phi}$ 上必須滿足：

$$\phi\big|_{\Gamma_{\varphi\phi}} - \varphi\big|_{\Gamma_{\varphi\phi}} = \int H_{st}\,dt$$
$$\mu_0 \frac{\partial \phi}{\partial n}\big|_{\Gamma_{\varphi\phi}} - \mu \frac{\partial \varphi}{\partial n}\big|_{\Gamma_{\varphi\phi}} = \mu_0 H_{sn}$$

最後作一結論如下：

在　$\Omega_\varphi : \nabla \bullet (-\mu \nabla \varphi) = 0$

在　$\Omega_\phi : \quad -\nabla^2 \phi = 0$

在邊界 $\Gamma_{\varphi a}$ 上：　　$\varphi = \varphi_0$　　　　　(固定邊界條件)

在邊界 $\Gamma_{\phi a}$ 上：　　$\phi = \phi_0$　　　　　(固定邊界條件)

在邊界 $\Gamma_{\varphi b}$ 上：　　$\mu \dfrac{\partial \varphi}{\partial n} = q_1$　　　(自然邊界條件)

在邊界 $\Gamma_{\phi b}$ 上：　　$\mu_0 \dfrac{\partial \phi}{\partial n} = q_2$　　　(自然邊界條件)

在邊界 $\Gamma_{\varphi \phi}$ 上：　　$\phi \big|_{\Gamma_{\varphi \phi}} - \varphi \big|_{\Gamma_{\varphi \phi}} = \int H_{st} dt$

$$\mu_0 \frac{\partial \phi}{\partial n}\big|_{\Gamma_{\varphi \phi}} - \mu \frac{\partial \varphi}{\partial n}\big|_{\Gamma_{\varphi \phi}} = \mu_0 H_{sn}$$

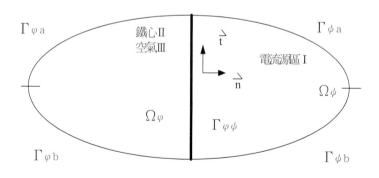

圖 3.8 邊界條件

習題

3.1 試證明電荷的保守性須滿足下式：

$$\nabla \cdot \vec{J} + \frac{\partial \rho}{\partial t} = 0$$

提示：利用式(3.6)-(3.9)及任一向量的漩度在作散度後為零。

3.2 對純量 Φ 與向量 $\vec{P}$，說明梯度 $\mathrm{grad}\,\Phi$(或 $\nabla\Phi$)、散度 $\mathrm{div}\,\vec{P}$ (或 $\nabla\cdot\vec{P}$)

及漩度 $\mathrm{curl}\,\vec{P}$ (或 $\nabla\times\vec{P}$)之物理意義。

3.3 試推導式(3.27)與(3.33)。

3.4 寫出磁向量位能 $\vec{A}$ 之 MKS 單位。

3.5 參考式(3.37)寫出向量位能 $\vec{A}$ 的邊界條件。

3.6 說明在描述材料之電磁特性時，均質性(Homogeneous)、線性
(Linear)、及等方向性(Isotropic)所代表何種意義。提示：參考電磁學
教科書。

3.7 在何種條件下式(3.7)中漂移電流 $\partial\vec{D}/\partial t$ 項可以忽略。

參考文獻

[1] 中田高義、高橋則雄，電氣工學の有限要素法，第 2 版，森北出版株式會社，1982。

[2] S. J. Salon, *Finite Element Analysis of Electrical Machines*, Kluwer Academic Publishers, Boston, 1995.

[3] J. Simkin and C. W. Trowbridge, "On the use of the total scalar potential in the numerical solution of field problems in electromagnetics," *International Journal for Numerical Methods in Engineering*, Vol. 14, pp. 423-440, 1979.

[4] C. W. Trowbridge, "Low frequency electromagnetic field computation in three dimensions," *Computer Methods in Applied Mechanics and Engineering*, Vol. 52, pp. 653-674, 1985.

CHAPTER 4

靜磁場有限元素方程式

本章中將以第二章中所介紹的能量泛涵觀念，及變分法來推導以磁向量位能為變數之二維及軸對稱靜磁場有限元素方程式。

4.1 二維問題

大部分之電機機械實際上均應以三維來模擬，但是以三維模型來分析相當不經濟，在不得已情況下才會使用。因此，大都在作一些假設條件下以二維模型來分析。對二維靜磁場問題有以下假設條件：

(1)向量磁位 $\vec{A}$ 與電流密度 $\vec{J}$ 只有 z 方向存在。

(2)忽略儲存在電場之能量、感應電流及漂移電流。

(3)磁性材料為等方向性，$B\text{-}H$ 曲線為單值及磁阻率隨磁場而變。

(4)導體內部之電流密度為均勻分佈。

由以上之假設條件，二維靜磁場問題之支配方程式如式(3.37)所示，把 $\vec{A}$ 及 $\vec{J}$ 之下標 z 省略重寫如下：

$$\frac{\partial}{\partial x}\left(\upsilon\frac{\partial A}{\partial x}\right)+\frac{\partial}{\partial y}\left(\upsilon\frac{\partial A}{\partial y}\right)=-J \qquad\qquad 3.37)$$

大體上，有限元素近似法不是使用變分法，便是使用加權剩餘法來推導，本章將先以變分法來推導有限元素方程式。然而，不管是使用變分法或是使用加權剩餘法，有限元素近似法可以分下面步驟來進行：

(1)將支配微分方程式轉換為等效之積分方程式或能量泛涵，再將它們極小化以得到所需之答案。

(2)把解析區域分割許多元素(Element)，例如三角元素等，連接元素的為許多節點(Nodes)，節點之未知變數即為所欲求取之答案。

(3)在每一元素中，假設未知變數以多項式形式變化，則此多項式之係數或稱為形狀函數(Shape function)可以節點之未知變數及其座標來表示。

(4)將此多項式之係數代入能量泛涵，在將它們極小化，得一組聯立方程式。

(5)將邊界條件代入聯立方程式中，並以高斯消去法或疊代法解

之，便得到所需之答案。

如第二章所述，滿足式(3.37)之向量磁位 A 與下式能量泛函 F 在解

析領域 R 之極小化所得到所需之答案是一樣的。其能量泛函為

$$F = \frac{1}{2} \iint_R \upsilon \left[\left(\frac{\partial A}{\partial x} \right)^2 + \left(\frac{\partial A}{\partial y} \right)^2 \right] dxdy - \iint_R JAdxdy \tag{4.1}$$

將解析區域 R 分割為許多三角元素如圖 4.1 所示，節點之編號 i, j, k

按逆時針方向，假設在各元素內：

(1)向量磁位 A 為線性變化。

(2)磁阻率 υ 為定值。

(3)電流密度 J 為元素平均值。

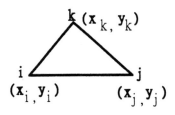

圖 4.1 典型之三角元素

由假設(1)向量磁位 A 可表示為：

$$A = a + bx + cy \tag{4.2}$$

若以三角形元素之節點向量磁位 $A_i's$ 與一次形狀函數 $N_i's$ 來表示，則在元素內任一節點之向量磁位可寫成：

$$A = \sum_{i=1}^{3} N_i A_i \in \tag{4.3}$$

其中

$$N_i = (a_i + b_i + c_i y)/(2\Delta) \tag{4.4}$$

且

$$a_i = x_j y_k - x_k y_j, b_i = y_j - y_k, c_i = x_k - x_j \tag{4.5}$$

$$\Delta = \frac{1}{2} \begin{vmatrix} 1 & x_i & y_i \\ 1 & x_j & y_j \\ 1 & x_k & y_k \end{vmatrix} = \text{三角元素之面積}$$

其它係數則可依 i, j, k 之順序輪流變化得到。

將式(4.3)磁向量位能 A 之近似式代入式(4.1)，並令能量泛函對磁向量位能 $A_i's$ 之一次微分為零，得

$$\frac{\partial F}{\partial A_i} = \iint_R \upsilon \sum_{i=1}^{3} \left(\frac{\partial N_i}{\partial x} \frac{\partial N_j}{\partial x} + \frac{\partial N_i}{\partial y} \frac{\partial N_j}{\partial y} \right) A_i \, dx dy - \iint_R J N_i \, dx dy = 0 \tag{4.6}$$

將此步驟擴展至解析區域 R 的所有三角形，則式(4.6)可寫成以下之矩陣式：

$$[K]\{A\} = \{F\} \tag{4.7}$$

其中剛性矩陣(Stiffness matix)$[K]$包含以下元素：

$$K_{ij} = \frac{\upsilon}{4\Delta}(b_i b_j + c_i c_j) = \upsilon S_{ij} \tag{4.8}$$

而驅動向量(Force vector)包含以下元素：

$$F_i = \frac{J\Delta}{3} \tag{4.9}$$

值得注意的是矩陣$[K]$為對稱(Symmetric)、稀疏(Sparse)及呈帶狀(Banded)之結構。又因磁阻率是隨磁場而變化，使矩陣$[K]$成為非線性。

由式(3.35)，

$$\vec{B} = \nabla \times \vec{A} = \begin{vmatrix} \vec{a}_x & \vec{a}_y & \vec{a}_z \\ \partial/\partial x & \partial/\partial y & \partial/\partial z \\ A_x & A_y & A_z \end{vmatrix} = \vec{a}_x \frac{\partial A_z}{\partial y} - \vec{a}_y \frac{\partial A_z}{\partial x} = \vec{a}_x B_x + \vec{a}_y B_y$$

得到每一元素中之磁通密度在 x 及 y 方向之大小為，(忽略 A 下標 z)，

$$B_x = \frac{\partial A}{\partial y} = \frac{1}{2\Delta}\sum_{i=1}^{3}c_i A_i, \quad B_y = -\frac{\partial A}{\partial x} = -\frac{1}{2\Delta}\sum_{i=1}^{3}b_i A_i \tag{4.10}$$

[例題一] 一三角形元素其頂點座標分別為 $i(3, 3)$，$j(7, 0)$，$k(6, 4)$。若三頂點的向量磁位分別為 5，8，10，求(a)形狀函數，(b)座標(5, 2)的向量磁位。

[解]由式(4.5)，得到 $a_i = 28$，$a_j = 6$，$a_k = -21$，$b_i = -4$，$b_j = 1$，$b_k = 3$，$c_i = -1$，$c_j = -3$，$c_k = 4$，$2\Delta = 13$。由式(4.4)，

$$N_i = (28 - 4x - y)/13 \quad , \quad N_j = (6 + x - 3y)/13 \quad ,$$

$$N_k = (-21 + 3x + 4y)/13 \text{。在座標 (5, 2) 之形狀函數為，}$$

$N_i = 6/13$，$N_j = 5/13$，$N_k = 2/13$，故座標(5, 2)的向量磁位為

$$A(5,2) = \begin{bmatrix} 6/13 & 5/13 & 2/13 \end{bmatrix} \begin{bmatrix} 5 & 8 & 9 \end{bmatrix}^{\mathrm{T}} = 90/13 \text{。}$$

[例題二]如圖 4.2，若節點 1 及 3 之向量磁位分別為 0 及 6(Wb/m)，兩個元素 $\upsilon = 1.0m/H$，求節點 2 及 4 之向量磁位。

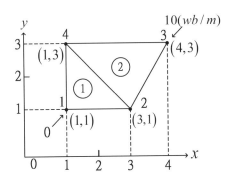

圖 4.2 例題二

[解] 首先將相關計算資料列表如下：

元素編號	元素節點編號			元素節點座標					
	i	j	k	x_i	x_j	x_k	y_i	y_j	y_k
1	1	2	4	1	3	1	1	1	3
2	2	3	4	3	4	1	1	3	3

元素編號	b_i	b_j	b_k	c_i	c_j	c_k	Δ
	$y_j - y_k$	$y_k - y_i$	$y_i - y_j$	$x_k - x_j$	$x_i - x_k$	$x_j - x_i$	
1	-2	2	0	-2	0	2	2
2	0	2	-2	-3	2	1	3

兩元素之堅固矩陣為

$$[K]^{(1)} = \frac{\upsilon}{4\Delta}\begin{bmatrix} 8 & -4 & -4 \\ -4 & 4 & 0 \\ -4 & 0 & 4 \end{bmatrix} = \begin{bmatrix} 1 & -1/2 & -1/2 \\ -1/2 & 1/2 & 0 \\ -1/2 & 0 & 1/2 \end{bmatrix},$$

$$[K]^{(2)} = \frac{\upsilon}{4\Delta}\begin{bmatrix} 9 & -6 & -3 \\ -6 & 8 & -2 \\ -3 & -2 & 5 \end{bmatrix} = \begin{bmatrix} 3/4 & -1/2 & -1/4 \\ -1/2 & 2/3 & -1/6 \\ -1/4 & -1/6 & 5/12 \end{bmatrix}$$

全體之堅固矩陣為

$$[K] = \begin{bmatrix} 1 & -1/2 & 0 & -1/2 \\ -1/2 & 5/4 & -1/2 & -1/4 \\ 0 & -1/2 & 2/3 & -1/6 \\ -1/2 & -1/4 & -1/6 & 11/12 \end{bmatrix},$$

得到聯立方程式為

$$\begin{bmatrix} 1 & -1/2 & 0 & -1/2 \\ -1/2 & 5/4 & -1/2 & -1/4 \\ 0 & -1/2 & 2/3 & -1/6 \\ -1/2 & -1/4 & -1/6 & 11/12 \end{bmatrix}\begin{bmatrix} A_1 \\ A_2 \\ A_3 \\ A_4 \end{bmatrix} = \begin{bmatrix} 0 \\ 0 \\ 0 \\ 0 \end{bmatrix}$$

因 $A_1 = 0$，$A_3 = 6(\text{Wb/m})$，代入上式得到 $A_2 = 2.7692(\text{Wb/m})$，$A_4$ =1.8462(Wb/m)。

又由式(4.10)得到各元素之磁通密度(Wb/m²)為

元素編號	B_x	B_y	$B^2 = B_x{}^2 + B_y{}^2$	$B = \sqrt{B_x{}^2 + B_y{}^2}$
1	0.9231	-1.3846	2.7692	1.6641
2	0.5898	-1.0513	1.4530	1.2054

4.2　二維有限元素方程式之線性化

如前所述因磁阻率隨磁場而變化，使矩陣$[K]$成為非線性，故式(4.7)必先作線性化後，再以疊代法解之。在文獻上有許多疊代法可以應用，本節將應用牛頓-拉佛森(Newton-Raphson)法解之。

式(4.7)重寫如下：

$$\{G\} = \upsilon [S]\{A\} - \{F\} = \{0\} \tag{4.11}$$

應用牛頓-拉佛森法於式(4.11)，則第$n+1$次疊代之磁向量位能 $A^{(n+1)}$ 為

$$\{A^{(n+1)}\} = \{A^{(n)}\} + \{\Delta A^{(n)}\} \tag{4.12}$$

其中$\{\Delta A^{(n)}\}$為以下矩陣之解

$$\left[\frac{\partial\{G(A^{(n)})\}}{\partial A^{(n)}}\right]\{\Delta A^{(n)}\} = -\{G(A^{(n)})\} \tag{4.13}$$

上示左邊之中刮號項稱甲可比矩陣(Jacobin matrix)以[J]表示，可由式(4.6)對$\{A^{(n)}\}$微分而得到，若忽略上標(n)，則各元素如下：

$$J_{ij} = \frac{\partial^2 F}{\partial A_i \partial A_j}$$

$$= \iint_R \left\{ \upsilon \left(\frac{\partial N_i}{\partial x}\frac{\partial N_j}{\partial x} + \frac{\partial N_i}{\partial y}\frac{\partial N_j}{\partial y} \right) + \frac{\partial \upsilon}{\partial B^2}\frac{\partial B^2}{\partial A_j}\left(\sum_{k=1}^{3}\frac{\partial N_i}{\partial x}\frac{\partial N_k}{\partial x} + \frac{\partial N_i}{\partial y}\frac{\partial N_k}{\partial y} \right) \right.$$

$$\tag{4.14}$$

而由式(3.35)，得到

$$B^2 = \left(\frac{\partial A}{\partial y} \right)^2 + \left(-\frac{\partial A}{\partial x} \right)^2 = \left(\sum_{m=1}^{3}\frac{\partial N_m}{\partial y}A_m \right)^2 + \left(-\sum_{m=1}^{3}\frac{\partial N_m}{\partial x}A_m \right)^2$$

$$\tag{4.15}$$

故

$$\frac{\partial B^2}{\partial A_j} = 2\sum_{m=1}^{3}\left(\frac{\partial N_j}{\partial x}\frac{\partial N_m}{\partial x} + \frac{\partial N_j}{\partial y}\frac{\partial N_m}{\partial y} \right)A_m \tag{4.16}$$

將式(4.16)代入式(4.14)得

$$[J] = [K] + \frac{2}{\Delta}\frac{\partial \upsilon}{\partial B^2}([S]\{A\})([S]\{A\})^T \tag{4.17}$$

式(4.17)中以υ對B^2的微分作為計算式，其好處是使用向量微分變成純量微分，同時使得甲可比矩陣成為對稱矩陣，可減少從 B^2 求 B 之高價計算。圖 4.3 及圖 4.4 分別為磁性材料典型的 $B\text{-}H$ 曲線及 $\upsilon\text{-}B^2$ 曲線。

牛頓-拉佛森法應用到解析有限元素，可以歸納為以下九個步驟：

(1)首先假設每一磁性材料區域之初始 υ 值。

(2)假設向量磁位 A 及 $\partial\upsilon/\partial B^2$ 之初始值為零。

(3)計算甲可比矩陣[J]及誤差向量{G(A)}。

(4)代入邊界條件。

(5)解式(4.13)求得 $\{\Delta A^{(n)}\}$。

(6)在第 n 疊代 $A^{(n+1)}$ 之值由 $\{A^{(n)}\}+\{\Delta A^{(n+1)}\}$。

(7)從 $\upsilon - B^2$ 曲線可求出一組新的 υ 及 $\partial\upsilon/\partial B^2$ 值與 $\partial\upsilon/\partial B^2 - B^2$ 之曲線。

(8)當 $\{\Delta A^{(n)}\}$ 之值不夠小時，重作(5)至(7)之步驟，直到夠小為止。

(9)輸出答案及停止運算。

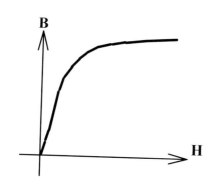

圖 4.3 磁性材料典型的 *B-H* 曲線

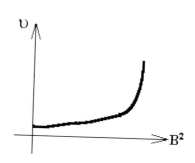

圖 4.4 磁性材料典型的 $\upsilon - B^2$

[例題三] 例題二中，若兩個元素爲鐵芯材料，其 $\upsilon - B^2$ 特性如下：

$$\upsilon = 1000(m/H), \quad \partial\upsilon/\partial B^2 = 0, \quad 0 \le B^2 < 3$$

$$\upsilon = 9500B^2 - 27500(m/H), \quad \partial\upsilon/\partial B^2 = 9500, \quad 3 \le B^2$$

其他條件與例題二相同，當 $\Delta A^{(n)} = 0.1$ 以下即視爲收斂，求節點 2 及 4 之向量磁位。

[解]第一次疊代：可由例題二之結果，假設 $A_1 = 0$，$A_2 = 4.615$，$A_3 = 10$，$A_4 = 3.077$，因 $B^{(1)} = 2.7734$，$B^{(2)} = 3.4497$。得到 $B^{(1)2} = 7.6917$，$B^{(2)} = 11.9004$，$\upsilon^{(1)} = 9500 \times 7.6917 - 27500 = 45571$，$\upsilon^{(2)} = 9500 \times 11.9004 - 27500 = 85554$。$\partial\upsilon/\partial B^{2(1)} = 9500$，$\partial\upsilon/\partial B^{2(2)} = 9500$。計算甲可比矩陣[*J*]如下：

<元素 1>

$$[K]^{(1)} = \frac{45571}{4 \times 2} \begin{bmatrix} 8 & -4 & -4 \\ -4 & 4 & 0 \\ -4 & 0 & 4 \end{bmatrix} = \begin{bmatrix} 45571 & -22785.5 & -22785.5 \\ -22785.5 & 22785.5 & 0 \\ -22785.5 & 0 & 22785.5 \end{bmatrix}$$

$$\frac{2}{\Delta} \frac{\partial v}{\partial B^2} ([S]\{A\})([S]\{A\})^T = \frac{2}{2} \times 9500 \left(\begin{bmatrix} 1 & -1/2 & -1/2 \\ -1/2 & 1/2 & 0 \\ -1/2 & 0 & 1/2 \end{bmatrix} \begin{bmatrix} 0 \\ 4.615 \\ 3.077 \end{bmatrix} \right)$$

$$\left(\begin{bmatrix} 1 & -1/2 & -1/2 \\ -1/2 & 1/2 & 0 \\ -1/2 & 0 & 1/2 \end{bmatrix} \begin{bmatrix} 0 \\ 4.615 \\ 3.077 \end{bmatrix} \right)^T = \begin{bmatrix} 140521.15 & -84308.7 & -56212.45 \\ -84308.7 & 50583.7 & 33725.95 \\ -56212.45 & 33725.95 & 22486.5 \end{bmatrix}$$

$$[J]^{(1)} = \begin{bmatrix} 186092.15 & -107094.2 & -78997.95 \\ -107094.2 & 73369.2 & 33725.95 \\ -78997.95 & 33725.95 & 45272 \end{bmatrix}, \; 又$$

$$\{G\}^{(1)} = \upsilon[S]\{A\} = \begin{bmatrix} 45571 & -22785.5 & -22785.5 \\ -22785.5 & 22785.5 & 0 \\ -22785.5 & 0 & 22785.5 \end{bmatrix} \begin{bmatrix} 0 \\ 4.615 \\ 3.077 \end{bmatrix},$$

$$= \begin{bmatrix} -175266.066 \\ 105152.775 \\ 70110.9835 \end{bmatrix}$$

得到式(4.13)為

$$\begin{bmatrix} 186092.15 & -107094.2 & -78997.95 \\ -107094.2 & 73369.2 & 33725.95 \\ -78997.95 & 33725.95 & 45272 \end{bmatrix} \begin{bmatrix} \Delta A_1 \\ \Delta A_2 \\ \Delta A_4 \end{bmatrix} = - \begin{bmatrix} -175266.066 \\ 105152.775 \\ 70110.9835 \end{bmatrix}$$

<元素 2>

$$[K]^{(2)} = \frac{85554}{4 \times 3}\begin{bmatrix} 9 & -6 & -3 \\ -6 & 8 & -2 \\ -3 & -2 & 5 \end{bmatrix} = \begin{bmatrix} 64165.5 & -42777 & -21388.5 \\ -42777 & 57036 & -14259 \\ -21388.5 & -14259 & 35647.5 \end{bmatrix}$$

$$\frac{2}{\Delta}\frac{\partial v}{\partial B^2}([S]\{A\})([S]\{A\})^T = \frac{2}{3} \times 9500 \left(\begin{bmatrix} 3/4 & -1/2 & -1/4 \\ -1/2 & 2/3 & -1/6 \\ -1/4 & -1/6 & 5/12 \end{bmatrix}\begin{bmatrix} 4.615 \\ 10 \\ 3.077 \end{bmatrix}\right)$$

$$\left(\begin{bmatrix} 3/4 & -1/2 & -1/4 \\ -1/2 & 2/3 & -1/6 \\ -1/4 & -1/6 & 5/12 \end{bmatrix}\begin{bmatrix} 4.615 \\ 10 \\ 3.077 \end{bmatrix}\right)^T$$

$$= \begin{bmatrix} 33736.8053 & -56222.6489 & 22485.8438 \\ -56222.6489 & 93695.4833 & -37472.8342 \\ 22485.8438 & -37472.8342 & 14986.9902 \end{bmatrix}$$

$$[J]^{(2)} = \begin{bmatrix} 97902.3053 & 98999.6489 & 1097.3438 \\ 98999.6489 & 150731.4833 & -51731.8342 \\ 1097.3438 & -51731.8342 & 50634.4902 \end{bmatrix}, \quad 又$$

$$\{G\}^{(2)} = \upsilon[S]\{A\} = \begin{bmatrix} 64165.5 & -42777 & -21388.5 \\ -42777 & 57036 & -14259 \\ -21388.5 & -14259 & 35647.5 \end{bmatrix} \begin{bmatrix} 4.615 \\ 10 \\ 3.077 \end{bmatrix}$$

$$= \begin{bmatrix} -493582.4145 \\ 526485.057 \\ -32902.6425 \end{bmatrix}$$

得到式(4.13)爲

$$\begin{bmatrix} 274969.2333 & -267629.9655 & -7335.4667 \\ -267629.9655 & 296874.8987 & -29248.7333 \\ -7335.4667 & -29248.7333 & 58134 \end{bmatrix} \begin{bmatrix} \Delta A_2 \\ \Delta A_3 \\ \Delta A_4 \end{bmatrix}$$

$$= - \begin{bmatrix} -493582.4145 \\ 526485.057 \\ -32902.6425 \end{bmatrix}$$

$$\begin{bmatrix} 186092.15 & -107094.2 & -78997.95 \\ -107094.2 & 73369.2 & 33725.95 \\ -78997.95 & 33725.95 & 45272 \end{bmatrix} \begin{bmatrix} \Delta A_1 \\ \Delta A_2 \\ \Delta A_4 \end{bmatrix} = - \begin{bmatrix} -175266.066 \\ 105152.775 \\ 70110.9835 \end{bmatrix}$$

整體甲可比矩陣[J]如下：

$$
\begin{bmatrix}
274969.2333 & -2676629.9655 & 0 & -7335.4667 \\
-2676629.9655 & 571844.132 & -267629.9655 & -36584.2 \\
0 & -267629.965 & 296874.8987 & -29248.7333 \\
-7335.4667 & -36584.2 & -29248.7333 & 103406
\end{bmatrix}
\begin{bmatrix}
\Delta A_1 \\ \Delta A_2 \\ \Delta A_3 \\ \Delta A_4
\end{bmatrix}
$$

$$
=
\begin{bmatrix}
175266.066 \\
388429.6395 \\
-526485.057 \\
-37208.341
\end{bmatrix}
$$

因 $A_1 = 0$ 及 $A_3 = 10$ 為已知，故 $\Delta A_1 = \Delta A_3 = 0$，上式變為

$$
\begin{bmatrix}
571844.132 & -36584.2 \\
-36584.2 & 103406
\end{bmatrix}
\begin{bmatrix}
\Delta A_2 \\ \Delta A_4
\end{bmatrix}
=
\begin{bmatrix}
388429.6395 \\
-37208.341
\end{bmatrix}
$$

解上式得到 $\Delta A_2 = 0.6714$，$\Delta A_4 = 0.6140$，尚無法滿足 0.1 的要求。

第一次疊代：由 $A^{k+1} = A^k + \Delta A^k$，得到

$A_2 = 4.615 + 0.6714 = 5.2864$，$A_4 = 3.077 + 0.614 = 3.6910$。

再計算各元素之 B^2。由式(4.10)可以寫成

$$
B^2 = B_x^2 + B_y^2 = \left(\frac{A_i b_i + A_j b_j + A_k b_k}{2\Delta} \right)^2 + \left(\frac{A_i c_i + A_j c_j + A_k c_k}{2\Delta} \right)^2
$$

如將上式展開得到

$$B^2 = \frac{1}{4\Delta^2} \begin{bmatrix} A_i & A_j & A_k \end{bmatrix} \begin{bmatrix} b_i b_i + c_i c_i & b_i b_j + c_i c_j & b_i b_k + c_i c_k \\ b_i b_j + c_i c_j & b_j b_j + c_j c_j & b_j b_k + c_j c_k \\ b_i b_k + c_i c_k & b_j b_k + c_j c_k & b_k b_k + c_k c_k \end{bmatrix} \begin{bmatrix} A_i \\ A_j \\ A_k \end{bmatrix}$$

<元素 1>

$$B^2 = \frac{1}{4 \times 2^2} \begin{bmatrix} 0 & 5.2864 & 3.6910 \end{bmatrix} \begin{bmatrix} 8 & -4 & -4 \\ -4 & 4 & 0 \\ -4 & 0 & 4 \end{bmatrix} \begin{bmatrix} 0 \\ 5.2864 \\ 3.6910 \end{bmatrix} = 20.7848$$

$$\upsilon^{(1)} = 9500 \times 20.7848 - 27500 = 169955.6 \text{ , } \partial \upsilon / \partial B^{2^{(1)}} = 9500 \text{ 。}$$

$$[K]^{(1)} = \frac{169955.6}{4 \times 2} \begin{bmatrix} 8 & -4 & -4 \\ -4 & 4 & 0 \\ -4 & 0 & 4 \end{bmatrix}$$

$$= \begin{bmatrix} 169955.6 & -84978.5223 & -84978.5223 \\ -84978.5223 & 84978.5223 & 0 \\ -84978.5223 & 0 & 84978.5223 \end{bmatrix}$$

....

$$\frac{2}{\Delta}\frac{\partial v}{\partial B^2}\left([S]\{A\}\right)\left([S]\{A\}\right)^T = \frac{2}{2}\times 9500\left(\begin{bmatrix} 1 & -1/2 & -1/2 \\ -1/2 & 1/2 & 0 \\ -1/2 & 0 & 1/2 \end{bmatrix}\begin{bmatrix} 0 \\ 5.2864 \\ 3.6910 \end{bmatrix}\right)$$

$$\left(\begin{bmatrix} 1 & -1/2 & -1/2 \\ -1/2 & 1/2 & 0 \\ -1/2 & 0 & 1/2 \end{bmatrix}\begin{bmatrix} 0 \\ 5.2864 \\ 3.6910 \end{bmatrix}\right)^T$$

$$= \begin{bmatrix} 191410.0631 & -112713.0525 & -78697.1058 \\ -112713.0525 & 66371.8093 & 46341.2432 \\ -78697.1058 & 46341.2432 & 32355.7674 \end{bmatrix}$$

$$[J]^{(1)} = \begin{bmatrix} 361365.6631 & -197691.5748 & -163675.6281 \\ -197691.5748 & 151350.3316 & 46341.2432 \\ -163675.6281 & 46341.2432 & 117334.2897 \end{bmatrix} \text{，又}$$

$$\{G\}^{(1)} = v[S]\{A\} = \begin{bmatrix} 169955.6 & -84978.5223 & -84978.5223 \\ -84978.5223 & 84978.5223 & 0 \\ -84978.5223 & 0 & 84978.5223 \end{bmatrix}\begin{bmatrix} 0 \\ 5.28 \\ 3.69 \end{bmatrix}$$

$$= \begin{bmatrix} -762886.1861 \\ 449230.4603 \\ 313655.7258 \end{bmatrix}$$

得到式(4.13)為

$$\begin{bmatrix} 361365.6631 & -197691.5748 & -163675.6281 \\ -197691.5748 & 151350.3316 & 46341.2432 \\ -163675.6281 & 46341.2432 & 117334.2897 \end{bmatrix}\begin{bmatrix} \Delta A_1 \\ \Delta A_2 \\ \Delta A_4 \end{bmatrix}$$

$$=\begin{bmatrix} -762886.1861 \\ 449230.4603 \\ 313655.7258 \end{bmatrix}$$

<元素 2>

$$B^2 = \frac{1}{4 \times 3}\begin{bmatrix} 5.2864 & 10 & 3.6910 \end{bmatrix}\begin{bmatrix} 9 & -6 & -3 \\ -6 & 8 & -2 \\ -3 & -2 & 5 \end{bmatrix}\begin{bmatrix} 5.2864 \\ 10 \\ 3.6910 \end{bmatrix} = 18.3793$$

$$\upsilon^{(2)} = 9500 \times 18.3793 - 27500 = 147103.35 \text{，} \quad \partial \upsilon / \partial B^{2(2)} = 9500 \text{。}$$

$$[K]^{(2)} = \frac{147103.35}{4 \times 3}\begin{bmatrix} 9 & -6 & -3 \\ -6 & 8 & -2 \\ -3 & -2 & 5 \end{bmatrix}$$

$$=\begin{bmatrix} 110327.5125 & -73550.7738 & -36775.3869 \\ -73550.7738 & 98067.6984 & -24516.9246 \\ -36775.3869 & -24516.9246 & 61292.3115 \end{bmatrix}$$

4-19

$$\frac{2}{\Delta}\frac{\partial v}{\partial B^2}([S]\{A\})([S]\{A\})^T = \frac{2}{3}\times 9500 \left(\begin{bmatrix} 3/4 & -1/2 & -1/4 \\ -1/2 & 2/3 & -1/6 \\ -1/4 & -1/6 & 5/12 \end{bmatrix}\begin{bmatrix} 0 \\ 10 \\ 3.6910 \end{bmatrix} \right)$$

$$\left(\begin{bmatrix} 3/4 & -1/2 & -1/4 \\ -1/2 & 2/3 & -1/6 \\ -1/4 & -1/6 & 5/12 \end{bmatrix}\begin{bmatrix} 0 \\ 10 \\ 3.6910 \end{bmatrix} \right)^T$$

$$= \begin{bmatrix} 222170.5445 & -226998.2187 & 4829.5498 \\ -226998.2187 & 231930.7964 & -4934.4937 \\ 4829.5498 & -4934.4937 & 104.9849 \end{bmatrix}$$

$$[J]^{(2)} = \begin{bmatrix} 332498.057 & -300548.9925 & -31945.8371 \\ -300548.9925 & 329998.4948 & -29451.4183 \\ -31945.8371 & -29451.4183 & 61397.2964 \end{bmatrix} , \text{又}$$

$$\{G\}^{(2)} = \upsilon[S]\{A\}$$

$$= \begin{bmatrix} 110327.5125 & -73550.7738 & -36775.3869 \\ -73550.7738 & 98067.6984 & -24516.9246 \\ -36775.3869 & -24516.9246 & 61292.3115 \end{bmatrix}\begin{bmatrix} 5.2864 \\ 10 \\ 3.6910 \end{bmatrix} = \begin{bmatrix} \\ \\ \end{bmatrix}$$

$$\{G\}^{(2)} = \upsilon[S]\{A\}$$

$$= \begin{bmatrix} 64165.5 & -42777 & -21388.5 \\ -42777 & 57036 & -14259 \\ -21388.5 & -14259 & 35647.5 \end{bmatrix}\begin{bmatrix} 0 \\ 10 \\ 3.6910 \end{bmatrix} = \begin{bmatrix} -493582.4145 \\ 526485.057 \\ -32902.6425 \end{bmatrix}$$

得到式(4.13)為

$$
\begin{bmatrix}
274969.2333 & -267629.9655 & -7335.4667 \\
-267629.9655 & 296874.8987 & -29248.7333 \\
-7335.4667 & -29248.7333 & 58134
\end{bmatrix}
\begin{bmatrix}
\Delta A_2 \\
\Delta A_3 \\
\Delta A_4
\end{bmatrix}
$$

$$
= -
\begin{bmatrix}
-493582.4145 \\
526485.057 \\
-32902.6425
\end{bmatrix}
$$

$$
\begin{bmatrix}
186092.15 & -107094.2 & -78997.95 \\
-107094.2 & 73369.2 & 33725.95 \\
-78997.95 & 33725.95 & 45272
\end{bmatrix}
\cdot
\begin{bmatrix}
\Delta A_1 \\
\Delta A_2 \\
\Delta A_4
\end{bmatrix}
= -
\begin{bmatrix}
-175266.066 \\
105152.775 \\
70110.9835
\end{bmatrix}
$$

整體甲可比矩陣[J]如下：

$$
\begin{bmatrix}
274969.2333 & -2676629.9655 & 0 & -7335.4667 \\
-2676629.9655 & 571844.132 & -267629.9655 & -36584.2 \\
0 & -267629.965 & 296874.8987 & -29248.7333 \\
-7335.4667 & -36584.2 & -29248.7333 & 103406
\end{bmatrix}
\begin{bmatrix}
\Delta A_1 \\
\Delta A_2 \\
\Delta A_3 \\
\Delta A_4
\end{bmatrix}
$$

$$
=
\begin{bmatrix}
175266.066 \\
388429.6395 \\
-526485.057 \\
-37208.341
\end{bmatrix}
$$

因 $A_1 = 0$ 及 $A_3 = 10$ 爲已知，故 $\Delta A_1 = \Delta A_3 = 0$，上式變爲

$$
\begin{bmatrix}
571844.132 & -36584.2 \\
-36584.2 & 103406
\end{bmatrix}
\begin{bmatrix}
\Delta A_2 \\
\Delta A_4
\end{bmatrix}
=
\begin{bmatrix}
388429.6395 \\
-37208.341
\end{bmatrix}
$$

解上式得到 $\Delta A_2 = 0.6714$，$\Delta A_4 = 0.6140$，尚無法滿足 0.1 的要求。

4.3　軸對稱問題

有許多電機機械構造上呈現 z 軸對稱，對軸對稱靜磁場問題有以下假設條件：

(1)向量磁位 A 與電流密度 J 只有 θ 方向存在。

(2)忽略儲存在電場之能量、感應電流及漂移電流。

(3)磁性材料為等方向性、B-H 曲線為單值及磁阻率隨磁場而變。

(4)導體內部之電流密度為均勻分佈。

由以上之假設條件，軸對稱靜磁場問題之支配方程式如式(3.43)所示：

$$\frac{\partial}{\partial r}\left(\frac{v}{r}\frac{\partial}{\partial r}(rA_\theta)\right) + \frac{\partial}{\partial z}\left(\frac{v}{r}\frac{\partial}{\partial z}(rA_\theta)\right) = -J_\theta \tag{3.43}$$

式(3.43)之能量泛函 F 為：

$$F = \frac{1}{2}\iint_R \left\{ v\left[\left(\frac{A_\theta}{r} + \frac{\partial A_\theta}{\partial r}\right)^2 + \left(\frac{\partial A_\theta}{\partial z}\right)^2\right] - J_\theta A_\theta \right\} 2\pi dr dz \tag{4.18}$$

將解析區域 R 分割為許多三角元素如圖 4.4 所示，節點之編號 i, j, k 按逆時針方向，各元素內假設：

(1)向量磁位 A 為線性變化。

(2)磁阻率為定值。

(3)電流密度為元素平均值。

由假設(1)向量磁位 A 可表示為：

$$A_\theta = a + br + cz \tag{4.19}$$

若以三角元素之節點向量磁位 $A_{\theta i}'s$ 與一次形狀函數 $N_i's$ 來表示，則在元素內任一點向量磁位可寫成：

$$A_\theta = \sum_{i=1}^{3} N_i A_{\theta i} \tag{4.20}$$

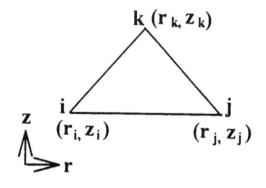

圖 4.4 典型的三角元素

其中

$$N_i = (a_i + b_i r + c_i z)/(2\Delta) \tag{4.21}$$

$$a_i = r_j z_k - r_k z_j, \quad b_i = z_j - z_k, \quad c_i = r_k - r_j \tag{4.22}$$

$$\Delta = \frac{1}{2} \begin{vmatrix} 1 & r_i & z_i \\ 1 & r_j & z_j \\ 1 & r_k & z_k \end{vmatrix} = 三角元素之面積$$

其他係數則可由依 i, j, k 之順序輪流變化得到。

將式(4.20)向量磁位之近似式代入式(4.18)，並令能量泛函對向量磁位 $A_{\theta i}'s$ 之一次微分為零，得

$$\frac{\partial F}{\partial A_{\theta i}} = \int_R \left\{ \sum_{j=1}^{3} v \left[r \left(\frac{\partial N_i}{\partial r} \frac{\partial N_j}{\partial r} + \frac{\partial N_i}{\partial z} \frac{\partial N_j}{\partial z} \right) + \left(N_i \frac{\partial N_j}{\partial r} + N_j \frac{\partial N_i}{\partial r} \right) + \frac{N_i N_j}{r} \right] A_{\theta i} \right\} 2\pi dr$$

$$- \int_R J_\theta N_i 2\pi dr dz = 0 \tag{4.23}$$

將此步驟擴展至解析區域 R 的所有三角元素，則式(4.23)可寫成以下之矩陣式：

$$[K]\{A_\theta\} = \{F\} \tag{4.24}$$

其中堅固矩陣(Stiffness matrix) [K]包含以下元素：

$$K_{ij} = \frac{r_0 v}{4\Delta}(b_i b_j + c_i c_j) + \frac{v\Delta}{9r_0} + \frac{v}{6}(b_i + b_j) = v S_{ij} \tag{4.25}$$

而驅動向量(Force vector)包含以下元素：

$$F_i = \frac{J_\theta \Delta}{4}(r_0 + \frac{r_1}{3}) \tag{4.26}$$

其中 $r_0 = (r_1 + r_j + r_k)/3$。

4.4 軸對稱有限元素方程式之線性化

如 3.2 節所述因磁阻率是隨磁場而變化，使矩陣[K]成為非線性，故式(4.24)必先作線性化後，再以疊代法解之。甲可比矩陣[J]各元素如下：

$$J_{ij} = \frac{\partial^2 F}{\partial A_{\theta i} \partial A_{\theta j}}$$

$$= 2\pi \int_R \sum_{j=1}^{3} v \left[r \left(\frac{\partial N_i}{\partial r} \frac{\partial N_j}{\partial r} + \frac{\partial N_i}{\partial z} \frac{\partial N_j}{\partial z} \right) + \left(N_i \frac{\partial N_j}{\partial r} + N_j \frac{\partial N_i}{\partial r} \right) + \frac{N_i N_j}{r} \right] dr dz +$$

$$\frac{\partial v}{\partial B^2}\frac{\partial B^2}{\partial A_{\theta i}}\int_R \sum_{k=1}^{3} v\left[r\left(\frac{\partial N_i}{\partial r}\frac{\partial N_k}{\partial r} + \frac{\partial N_i}{\partial z}\frac{\partial N_k}{\partial z}\right) + \left(N_i\frac{\partial N_k}{\partial r} + N_k\frac{\partial N_i}{\partial r}\right) + \frac{N_i N_k}{r}\right]2\pi r d$$

$$(4.27)$$

而由式(3.35)，得到

$$B^2 = \left(-\frac{\partial A_\theta}{\partial z}\right)^2 + \left(\frac{A_\theta}{r} + \frac{\partial A_\theta}{\partial r}\right)^2$$

$$= \left(\sum_{m=1}^{3}\frac{\partial N_m}{\partial r}A_{\theta m}\right)^2 + \left(-\sum_{m=1}^{3}\frac{\partial N_m}{\partial z}A_{\theta m}\right)^2 + \left(\sum_{m=1}^{3}\frac{N_m}{r}A_{\theta m}\right) + 2\left(\sum_{m=1}^{3}\frac{N_m}{r}A_{\theta m}\right)\left(\sum_{m=1}^{3}\frac{\partial N_m}{\partial r}A_{\theta m}\right)$$

$$(4.28)$$

故

$$\frac{\partial B^2}{\partial A_{\theta j}} = \frac{2}{r}\sum_{m=1}^{3}\left[r\left(\frac{\partial N_m}{\partial r}\frac{\partial N_j}{\partial r} + \frac{\partial N_m}{\partial z}\frac{\partial N_j}{\partial z}\right) + \left(N_m\frac{\partial N_j}{\partial r} + N_j\frac{\partial N_m}{\partial r}\right) + \frac{N_m N_j}{r}\right]A_{\theta m}$$

$$(4.29)$$

將式(4.29)代入式(4.27)得

$$[J] = 2\pi\left([K] + \frac{2}{\Delta r_0}\frac{\partial v}{\partial B^2}([S]\{A_\theta\})([S]\{A_\theta\})^T\right)$$

$$(4.30)$$

式(4.30)與(4.17)類似，故解析步驟與 4.2 節一樣。

習題

4.1 圖 4.5 中有三個元素及五個節點,元素 1 為鐵心其相對導磁係數為 1000,元素 2 為空氣其相對導磁係數為 1,元素 3 為導體其相對導磁係數為 1,載有均勻之電流密度 $J=1500A/m^2$,圖中之尺寸單位為公尺,若節點 1 及 2 之邊界條件 $A=0.0$,求其他節點之向量磁位 A 及各元素之磁通密度 B。

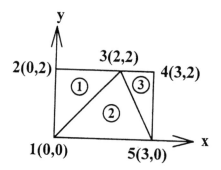

圖 4.5 習題 4.1 圖

4.2 (1)參考圖 4.6,求各元素之形狀函數。

(2)若 $A_2 = 10(Wb/m)$, $A_4 = -10(Wb/m)$, 求 A_1 , A_3 , 設 $v_1 = v_2 = 1$ 。

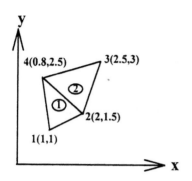

圖 4.6　習題 4.2 圖

4.3　參考圖4.7(a)及(b)，設各元素之導磁率 v = 1.0(m/H)，分別寫出式(4.7)

矩陣方程式，當

(1)各元素中無電流。

(2)各元素中電流為 J。

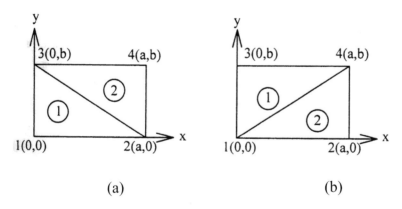

(a)　　　　　　　　　　　　　(b)

圖 4.7　習題 4.3 圖

參考文獻

[1] 中田高義、高橋則雄，電氣工學の有限要素法，第 2 版，森北出版株式會社，1982。

[2] C. C. Hwang, *Finite Element Field Analysis for Electrical Devices and Machines*, PhD thesis, National Tsing Hua University, Hsinchu, Taiwan, 1989.

CHAPTER 5

靜電場有限元素方程式

在第三章中已推導出靜電場的支配方程式，本章將與第四章一樣以變分法來推導靜電場有限元素方程式。

5.1 二維問題

比較式(3.28)與式(3.43)，可以發現兩式的形式完全一樣，故 4.1 節所推導的結果在本節均可利用，在元素內任一點電位可寫成，

$$\phi = a + bx + cy = \begin{bmatrix} 1 & x & y \end{bmatrix} \begin{bmatrix} a \\ b \\ c \end{bmatrix} \tag{5.1}$$

代入元素三個頂點 i, j, k 的值 ϕ_i, ϕ_j, ϕ_k，得

$$\phi = \frac{1}{2\Delta} \begin{bmatrix} 1 & x & y \end{bmatrix} \begin{bmatrix} a_i & a_j & a_k \\ b_i & b_j & b_k \\ c_i & c_j & c_k \end{bmatrix} \begin{bmatrix} \phi_i \\ \phi_j \\ \phi_k \end{bmatrix} \tag{5.2}$$

上面所用符號均與第四章相同，式(4.7)可改寫成，

$$[K]\{\phi\} = \{F\} \tag{5.3}$$

其中

$$K_{ij} = \frac{1}{4\Delta}\left(\varepsilon_x b_i b_j + \varepsilon_y c_i c_j\right) \tag{5.4}$$

$$F_i = \frac{\rho\Delta}{3} \tag{5.5}$$

因誘電係數 ε_x 及 ε_y 一般為單值，故上式(5.3)不必如第四章作線性化。電位 ϕ 解出後，可以計算電場強度 E，由式(3.24)

$$E = -\nabla\phi = -\frac{\partial\phi}{\partial x}\bar{a}_x - \frac{\partial\phi}{\partial y}\bar{a}_y \tag{5.6}$$

故電場強度的 x 及 y 方向之分量可由式(5.2)求得，

$$\begin{aligned} E_x &= -\frac{\partial\phi}{\partial x} = -\frac{1}{2\Delta}(b_i\phi_i + b_j\phi_j + b_k\phi_k) \\ E_y &= -\frac{\partial\phi}{\partial y} = -\frac{1}{2\Delta}(c_i\phi_i + c_j\phi_j + c_k\phi_k) \end{aligned} \tag{5.7}$$

不過 E_x 及 E_y 在元素間之邊界上會有不連續的情形。

5.2　軸對稱問題

滿足式(3.33)之電位與下式能量泛函 F 在解析領域 R 之極小化所得到之結果是一樣的。

$$F = \frac{1}{2} \iint_R \left[\varepsilon_r \left(\frac{\partial \phi}{\partial r} \right)^2 + \varepsilon_z \left(\frac{\partial \phi}{\partial z} \right)^2 \right] 2\pi r dr dz - \iint_R \rho \phi 2\pi r dr dz \quad (5.8)$$

與 4.3 節一樣，在元素內任一點之電位可寫成，

$$\phi = a + br + cz = \sum_{i=1}^{3} N_i \phi_i$$

$$= \frac{1}{2\Delta} \begin{bmatrix} 1 & r & z \end{bmatrix} \begin{bmatrix} a_i & a_j & a_k \\ b_i & b_j & b_k \\ c_i & c_j & c_k \end{bmatrix} \begin{bmatrix} \phi_i \\ \phi_j \\ \phi_k \end{bmatrix} \quad (5.9)$$

將式(5.9)代入(5.8)，並令能量泛函對電位 $\phi_i's$ 的一次微分為零，得

$$\frac{\partial F}{\partial \phi_i} = 2\pi\left[\iint_R\left\{\varepsilon_r\frac{\partial\phi}{\partial r}\frac{\partial}{\partial\phi_i}\left(\frac{\partial\phi}{\partial r}\right) + \varepsilon_z\frac{\partial\phi}{\partial z}\frac{\partial}{\partial\phi_i}\left(\frac{\partial\phi}{\partial z}\right)\right\}rdrdz - \iint_R\rho\frac{\partial\phi}{\partial\phi_i}rdrd$$

$$= 2\pi\left[\iint_R\sum_{j=1}^{3}\left(\varepsilon_r\frac{\partial N_i}{\partial r}\frac{\partial N_j}{\partial r} + \varepsilon_z\frac{\partial N_i}{\partial z}\frac{\partial N_j}{\partial z}\right)\phi_j rdrdz - \iint_R\rho N_i rdrdz\right] = 0$$

(5.10)

因

$$\frac{\partial N_i}{\partial r} = \frac{b_i}{2\Delta}, \qquad \frac{\partial N_i}{\partial z} = \frac{c_i}{2\Delta} \tag{5.11}$$

而且在線性場內，誘電係數 ε_r 及 ε_z 在每一元素內均為定值，而電荷密度 ρ 在每一元素內也假定為定值，故

$$\frac{\partial F}{\partial \phi_i} = 2\pi\left[\frac{1}{4\Delta^2}\sum_{j=1}^{3}\left(\varepsilon_r b_i b_j + \varepsilon_z c_i c_j\right)\phi_j\iint_R rdrdz - \rho\iint_R N_i rdrdz\right] = 0$$

(5.12)

上式的積分為

$$\iint_R rdrdz = r_0\Delta \tag{5.13}$$

$$\iint N_i r dr dz = \frac{\Delta}{4}\left(r_0 + \frac{r_i}{3}\right) \tag{5.14}$$

其中 r_0 為三角元素的重心。將式(5.13)及(5.14)代入式(5.12)，得

$$\frac{\partial F}{\partial \phi_i} = 2\pi\left[\frac{r_0}{4\pi}\sum_{j=1}^{3}\left(\varepsilon_r b_i b_j + \varepsilon_z c_i c_j\right)\phi_j - \frac{\Delta \rho}{4}\left(r_0 + \frac{r_i}{3}\right)\right] = 0 \tag{5.15}$$

寫成矩陣形式，

$$[K]\{\phi\} = \{F\} \tag{5.16}$$

其中

$$K_{ij} = \frac{r_0}{4\Delta}\left(\varepsilon_r b_i b_j + \varepsilon_z c_i c_j\right) \tag{5.17}$$

$$F_i = \frac{\Delta \rho}{4}\left(r_0 + \frac{r_i}{3}\right) \tag{5.18}$$

習題

5.1 試推導式(5.13)及(5.14)。

5.2 證明圖 5.1 中元素 1 與元素 2 之電場強度在 y 方向爲連續，而在 x 方向爲不連續。

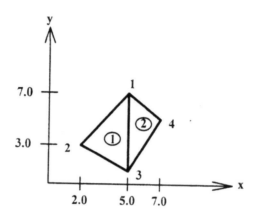

圖 5.1

參考文獻

[1]中田高義、高橋則雄，電氣工學の有限要素法，第 2 版，森北出版株式會社，1982。

[2]C. C. Hwang, Finite Element Field Analysis for Electrical Devices and Machines, PhD thesis, National Tsing Hua University, Hsinchu, Taiwan, 1989.

CHAPTER 6

二維渦流場有限元素方程式

　　渦電流是一種非常普遍的暫態現象，可在時域(Time domain)或頻域(Frequency domain)來加以分析，時域分析的缺點是必須花費相當長的計算時間才能達到穩態，故通常先作頻域分析，再以將所得到的結果作為時域分析的初始值。本章將以葛樂金法來推導穩態弦波，及暫態渦電流支配方程式之有限元素方程式。

6.1　穩態弦波渦流場支配方程式

　　二維之渦電流現象可用擴散方程式(Diffusion equation)來描述，對穩態弦波變化場而言，若以向量磁位為變數時，參考(3.53)式，其支配方程式可寫成，

$$\frac{\partial}{\partial x}\left(\upsilon \frac{\partial A}{\partial x}\right) + \frac{\partial}{\partial y}\left(\upsilon \frac{\partial A}{\partial y}\right) = j\omega\sigma A - J \tag{6.1}$$

上式中之符號均與第四章相同，ω 爲角頻率，σ 爲材料之導電係數。

6.2 葛樂金法

在第四章中我們曾以變分法來推導有限元素法方程式，本章將應用葛樂金法來推導，最後讀者將會發現，兩種方法所推導之最後結果完全一樣。

如第二章所述，葛樂金法是加權剩餘法的一個特例，假設 $\widetilde{A}$ 爲一近似解，將它代入支配方程式中，因 $A \neq \widetilde{A}$ 而產生誤差如下：

$$RES = \frac{\partial}{\partial x}\left(\upsilon \frac{\partial \widetilde{A}}{\partial x}\right) + \frac{\partial}{\partial y}\left(\upsilon \frac{\partial \widetilde{A}}{\partial y}\right) - jw\sigma\widetilde{A} + J \tag{6.2}$$

加權剩餘法是將誤差乘一加權函數 W_i，並對整個區域作積分，令此積分值爲零如下：

$$\iint\limits_R W_i \left(\frac{\partial}{\partial x} \left(\upsilon \frac{\partial \tilde{A}}{\partial x} \right) + \frac{\partial}{\partial y} \left(\upsilon \frac{\partial \tilde{A}}{\partial y} \right) \right) dR - j\omega \iint\limits_R \sigma W_i \tilde{A} \, dR + \iint\limits_R W_i J \, dR = 0$$

(6.3)

將(6.3)式左邊第一項以部分積分展開得,

$$\iint\limits_R W_i \left(\frac{\partial}{\partial x} \left(\upsilon \frac{\partial \tilde{A}}{\partial x} \right) + \frac{\partial}{\partial y} \left(\upsilon \frac{\partial \tilde{A}}{\partial y} \right) \right) dR$$

$$= \iint\limits_R \left(\frac{\partial W_i}{\partial x} \frac{\partial \tilde{A}}{\partial x} + \frac{\partial W_i}{\partial y} \frac{\partial \tilde{A}}{\partial y} \right) dR - \oint\limits_C \upsilon W_i \left(\frac{\partial \tilde{A}}{\partial n} \right) dc$$

(6.4)

其中 n 為垂直邊界 C 之單位向量,在上式之線積分中,如令 $\partial A / \partial n = 0$,亦即上式之線積分路徑滿足自然邊界條件,則該線積分就消失。

將解析區域 R 分割為許多三角元素,步驟如第四章所示,並回憶一下式(4.2)至(4.5)。葛樂金法是令加權函數 W_i 等於形狀函數 N_i,將它代入式(6.3)及(6.4),可以發現這兩個式中,除式(6.3)左邊第二項外,其餘均與式(4.6)相同,寫成以下之矩陣

$$[K]\{A\} + j[T]\{A\} - \{F\} = 0$$

(6.5)

對任一元素而言,$[K]$ 及 $\{F\}$ 與式(4.8)及(4.9)相同,而

$$T_{ij} = \omega\sigma \iint\limits_{R} N_i N_j \, dxdy = \begin{cases} \dfrac{\omega\sigma\Delta}{6} & i = j \\ \dfrac{\omega\sigma\Delta}{12} & i \neq j \end{cases} \tag{6.6}$$

與式(4.7)一樣式(6.5)必須線性化，本章也應用牛頓-拉佛森法解之。因式(6.5)只比式(4.7)多了式(6.6)一項，其甲可比矩陣[J]變成為：

$$[J] = [K] + j[T] + \frac{2}{\Delta}\frac{\partial \upsilon}{\partial B^2}\left([S]\{A\}\right)\left([S]\{A\}\right)^T \tag{6.7}$$

6.3　暫態渦流場有限元素方程式

二維渦流場之支配方程式如式(3.53)所示，重寫如下：

$$\frac{\partial}{\partial x}\left(\upsilon\frac{\partial A}{\partial x}\right) + \frac{\partial}{\partial y}\left(\upsilon\frac{\partial A}{\partial y}\right) = -J + \sigma\frac{\partial A}{\partial t} + \sigma\frac{\partial V}{\partial z} \tag{3.53}$$

在本章的分析中，假設 $\partial V/\partial z = 0$。以葛樂金法來展開式(3.53)，$G_i$定義如下，且其值為零

$$G_i = \iint \upsilon\left(\frac{\partial N_i}{\partial x}\cdot\frac{\partial A}{\partial x} + \frac{\partial N_i}{\partial y}\cdot\frac{\partial A}{\partial y}\right)dxdy$$

$$+ \sigma \iint N_i \frac{\partial A}{\partial t}dxdy - \iint N_i J_0 \, dxdy \tag{6.8}$$

將牛頓-拉佛森法應用在式(6.8)非線性方程式中，對第 i 個節點第 $n+1$ 次疊代之向量磁位可寫成下式：

$$(6.9)$$

其中 δA_i^n 為以下矩陣的解

$$\begin{bmatrix} \dfrac{\partial G_i}{\partial} & & \dfrac{\partial G_i}{\partial A_m} \\ & \dfrac{\partial G_i}{\partial A_i} & \\ \dfrac{\partial G_m}{\partial A_i} & & \dfrac{\partial G_m}{\partial A_m} \end{bmatrix} \begin{Bmatrix} \delta A_1 \\ \vdots \\ \delta A_i \\ \vdots \\ \delta A_m \end{Bmatrix} = \begin{Bmatrix} -G_1 \\ \vdots \\ -G_i \\ \vdots \\ -G_m \end{Bmatrix} \qquad (6.10)$$

通常是以一個一個元素來積分，然後再將它們加起來，而不是直接將式(6.8)及(6.10)對整個區域積分。以下將在式中加上標 e 來表示單一個元素，對單一個元素，重寫式(6.8)如下：

$$G_i^{(e)} = \sum_{k=1}^{3} \iint \upsilon^{(e)} \left(\frac{\partial N_i^{(e)}}{\partial x} \cdot \frac{\partial N_{ke}}{\partial x} + \frac{\partial N_i^{(e)}}{\partial y} \cdot \frac{\partial N_{ke}}{\partial y} \right) A_{ke} dxdy$$
$$+ \sigma \sum_{k=1}^{3} \iint N_i^{(e)} N_{ke} \frac{\partial A_{ke}}{\partial t} dxdy - \iint_{(e)} N_i^{(e)} J dxdy \qquad (6.11)$$

利用第四章的公式，式(6.11)可寫成

$$G_i^{(e)} = \upsilon^{(e)} \sum_{k=1}^{3} S_{ike} A_{ke} + \sigma \sum_{k=1}^{3} \frac{\Delta^{(e)}}{12} (1 + \delta_{ike}) \frac{\partial A_{ke}}{\partial t} - \frac{\Delta^{(e)}}{3} J \qquad (6.12)$$

其中δ_{ike}為 Kronecker's delta 函數。式(6.12)含時間微分項，以下將介紹差分近似法(Difference approximation method)來解析之。

6.4 時間微分項的解法

在差分近似法中，將分析時間的長度細分為許多間隔Δt，在每一時間間隔，假設向量磁位的值與時間成線性關係，根據所定的斜率，差分近似法可分為前進(Forward)，後退(Backward)和中央(Center)差分法。在應用時，必須選擇最適當的方法，且可考慮到非線性磁性材料的影響。

向量磁位與時間的變化關係如圖 6.1 所示，若 A_t 是向量磁位在時

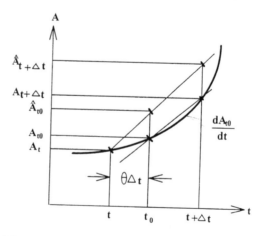

圖 6.1 向量磁位與時間的變化關係

間 t 的眞正值，則向量磁位在 $t + \Delta t$ 時的近似值 $\hat{A}_{t+\Delta t}$，由以下兩個假設可以計算出

  (1)向量磁位在 Δt 區間的變化是線性的。

  (2)斜率 $(\hat{A}_{t+\Delta t} - A_t)\big/ \Delta t$ 等於在這時間區間中任何一點的眞正斜
   率值。

由以上的假設可以得到以下式

$$\frac{\partial \hat{A}_{t0}}{\partial t} = \frac{\hat{A}_{t+\Delta t} - A_t}{\Delta t} \tag{6.13}$$

上式中用﹀號來表示近似值，上式中因 t_0 可以爲任意值，故假設

$$t_0 - t = \theta \cdot \Delta t \tag{6.14}$$

不同的 θ 值有不同的稱呼，當 $\theta = 0$ 稱爲前進差分法，在此不討論這種方法。

  (6.13)式考慮的時間爲 t_0 和 $t + \Delta t$，但我們必須以 A_t 來表示 $\hat{A}_{t+\Delta t}$，v 值也是時間 t_0 的值，故在每次非線性疊代中，必須求出 $\hat{B}_{t0}$ 值，$\hat{B}_{t0}$ 值可由 $B = \nabla \times A$ 直接求得。$\hat{A}_{t0}$ 是由 A_t 和 $\hat{A}_{t+\Delta t}$ 求得，而 $\hat{B}_t$ 便可求出，然而電腦計算的時間可能會比較長，爲減少計算時間，只需認定 $\hat{A}_{t0}$ 爲未知值，

故有以下的方程式

$$\hat{A}_{t0} = A_t + \theta(\hat{A}_{t+t0} - A_t) \tag{6.15}$$

從式(6.14)及(6.15)可得

$$\frac{\partial \hat{A}_{t0}}{\partial t} = \frac{\hat{A}_{t0} - A_t}{\theta \cdot \Delta t} \tag{6.16}$$

將式(6.16)代入式(6.12)，與有限元素法相同，從 A_t 推導出 $\hat{A}_{t0}$ 的值。從式(6.15)可以求出 $\hat{A}_{t+\Delta t}$ 的值如下

$$\hat{A}_{t+\Delta t} = A_t + \frac{\hat{A}_{t0} - A_t}{\theta \Delta t} \tag{6.17}$$

以式(6.16)取代式(6.12)的微分項，得

$$G_i^{(e)t0} = \upsilon^{(e)t0} \sum_{k=1}^{3} S_{ike} A_{ke}^{t0} + \sigma \sum_{k=1}^{3} \frac{\Delta^{(e)}}{12} (1 + \delta_{ike}) \cdot \frac{A_{ke}^{t0} - A_{ke}^{(e)}}{\theta \cdot \Delta t} - \frac{\Delta^{(e)}}{3} J^{t0} \tag{6.18}$$

上式中近似值符號已被省略，將式(6.18)對 A_j^{t0} 作微分，得

$$\frac{\partial G_i^{(e)}}{\partial A_j^{t0}} = \upsilon^{(e)t0} S_{ij} - \frac{\partial \upsilon^{(e)t0}}{\partial A_j^{t0}} \sum_{k=1}^{3} S_{jle} A_{ke}^{t0} + \sigma \frac{\Delta^{(e)}}{12} (1 + \delta_{ij}) \frac{1}{\theta \cdot \Delta t} \tag{6.19}$$

上式等號右邊第二項 $v^{(e)t0}$ 是 $B^{(e)t0}$ 的函數，定義如下

$$(B^{(e)t0})^2 = (B_x^{(e)t0})^2 + (B_y^{(e)t0})^2 \qquad (6.20)$$

其中 $B_x^{(e)t0}$ 和 $B_y^{(e)t0}$ 是元素 e 在時間 t_0 分別在 x 軸及 y 軸上的磁通密

度，其值如下

$$B_x^{(e)t0} = \frac{\partial A^{(e)t0}}{\partial y} = \sum_{k=1}^{3} \frac{\partial N_{ke}}{\partial y} A_{ke}^{t0} = \sum_{k=1}^{3} \frac{c_{ke} A_{ke}^{t0}}{2\Delta^{(e)}} \qquad (6.21)$$

$$B_y^{(e)t0} = -\frac{\partial A^{(e)t0}}{\partial x} = -\sum_{k=1}^{3} \frac{\partial N_{ke}}{\partial x} A_{ke}^{t0} = -\sum_{k-1}^{3} \frac{b_{ke} A_{ke}^{t0}}{2\Delta^{(e)}} \qquad (6.22)$$

由此可得

$$\frac{\partial v^{(e)t0}}{\partial A_j^{t0}} = \frac{\partial v^{(e)t0}}{\partial \left(B^{(e)t0}\right)^2} \cdot \frac{\partial \left(B^{(e)t0}\right)^2}{\partial A_j^{t0}} = \frac{2}{\Delta^{(e)}} \frac{\partial v^{(e)t0}}{\partial \left(B^{(e)t0}\right)^2} \sum_{l=1}^{3} S_{jle} A_{le}^{t0} \quad (6.23)$$

將式(6.23)代入式(6.19)，得

$$\frac{\partial G_i^{(e)t0}}{\partial A_j^{t0}} = v^{(e)t0} S_{ij} + \frac{2}{\Delta^{(e)}} \frac{\partial v^{(e)t0}}{\partial \left(B^{(e)t0}\right)^2} \sum_{l=1}^{3} S_{ile} A_{le}^{t0} \times \sum_{k=1}^{3} S_{ike} A_{ke}^{t0}$$

$$+ \frac{\sigma \Delta^{(e)}}{12 \Delta t \cdot \theta} \left(1 + \delta_{ij}\right) \qquad (6.24)$$

將式(6.18)及式(6.24)代入式(6.10)，而且重複疊代，可以求得 A_{t0}，

而 $A_{t+\Delta t}$ 可由式(6.17)導出如下

$$A_{t+\Delta t} = A_t + \frac{(A_{t0} - A_t)}{\theta} \qquad (6.25)$$

故一般計算程序如下，給定在時間 t 時的向量磁位，則在時間 t 的磁通密度和磁阻便可求出，進而導出 $t + \Delta t$ 時的位能。假如在時間 t 及 $t + \Delta t$ 間的磁阻值差距很大，誤差也會很大，這種情形下時間間隔 Δt 必須變小些，不過將會增加計算時間。牛頓拉佛森法不會造成很大的誤差，因所需的疊代次數很少，故計算所需的時間也不長。整個計算的步驟如圖 6.2，詳細介紹如下：

(1)讀取資料－ θ ，時間間隔 Δt ，導磁率 υ 及 $\partial \upsilon / \partial B^2$ 。

(2)設定時間 t 時的向量磁位 A，當無靜磁場時可令 $A = 0$，當動磁場加在靜態磁場上時，A 表示靜態磁場，假如 A 無法事前給定，則必須先由有限元素法計算求出。

(3)設定時間 t_0 時在邊界的向量磁位和電流值。

(4)由式(6.18)及(6.24)計算 G_i^{t0} 及 $\partial G_i^{t0} / \partial A_j^{t0}$ ，其中之 υ^{t0} 及

$\partial \upsilon^{t0} / \partial (B^{t0})^2$ 可由 $\upsilon - B^2$ 曲線，曲線 $\partial \upsilon / \partial B^2 - B^2$ 及 B 值求得。

(5)解式(6.10)的矩陣，算出 A_{t0} 再由式(6.21)及(6.22)可以求出 B_x^{t0}

和 B_y^{t0} 。

(6)當每個節點的 δA^{t0} 的值非常小，則進行下一步驟，否則重複步
驟(4)和(5)。

(7) υ^{t0} 及 $\partial \upsilon^{t0} / \partial \left(B^{t0} \right)^2$ 的值由 $\upsilon - B^2$ 曲線及曲線 $\partial \upsilon / \partial B^2 - B^2$ 求
得。

(8)列印每一個時間間隔的結果。

(9)假如結果沒有包含所選的時間，則必須再執行下一個時間間
隔。

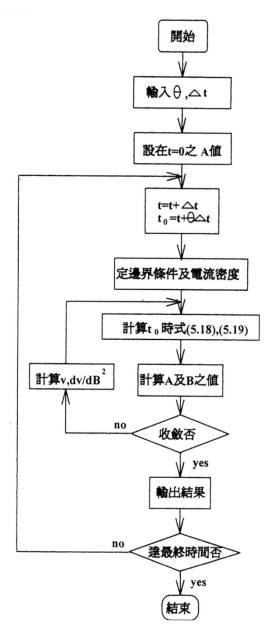

圖 6.2 計算步驟流程

參考文獻

[1]中田高義、高橋則雄，電氣工學の有限要素法，第 2 版，森北出版株式會社，1982。

[2]C. C. Hwang, Finite Element Field Analysis for Electrical Devices and Machines, PhD thesis, National Tsing Hua University, Hsinchu, Taiwan, 1989.

CHAPTER 7

永久磁石之模擬

由於永磁具有相當高的能量密度，因此已被大量應用在直流機及同步機上。常見的磁石材料有：鋁鎳鈷(AlNiCo)、鐵氧磁石(Ferrite)、釤鈷磁石(SmCo)及釹鐵硼磁石(NdFeB)等，且可分為：鑄造、燒結(Sintered magnet)、塑膠(Plastic magnet)及橡膠等磁石。又依製程之排列方式有：異方性磁石及等方性磁石。因此，在分析時，欲表示各種磁石之磁化特性是不容易的。然而將永磁的磁化特性視為理想的或線性的，是一般人接受的假設。

考量在圖 7.1 和圖 7.2 不同的磁滯(Hysteresis)特性。軟磁(Soft magnet)材料一般用在機器積片或磁路上，這種材料必須具有一個較窄的磁滯迴線如圖 7.1 所示。硬磁(Hard magnet)材料具一個較寬的磁滯阻迴線如圖 7.2 所示。磁滯迴線和縱座標的交點稱為剩磁 B_r (Residual or Remanent flux density)，而和橫座標的交點稱為保磁力或抗磁力

H_c (Coercive force)。

使用永磁的機器其工作點通常位於磁化特性的第二象限，而且也以直線來表示磁石的特性。但是，事實上永磁是一個非線性的材料，假如我們使用線性的模組，則必須檢查此模型在所有可能的操作的條件下都是正確的。

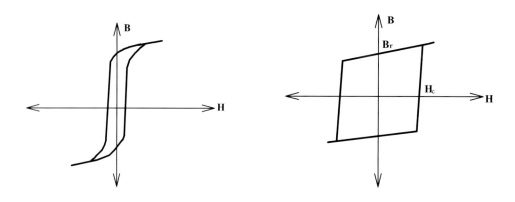

圖 7.1 軟磁材料的磁滯特性　　　　圖 7.2 硬磁材料的磁滯特性

7.1　永磁的磁化向量模型

在文獻上用來表示永磁的模型有兩個；一個是磁化向量 (Magnetization vector)，而另一個是等效電流層。雖然這兩種方法的出發點不同，但是所得到的方程式卻相同。在圖 7.3 中，只要兩個參數即可定義此直線之特性，亦即此線之斜率和它與 y 軸之交點。

磁通密度與磁場強度有以下關係：

$$\vec{B} = \mu_0 \left\{ (1 + x_m)\vec{H} + M \right\}$$ (7.1)

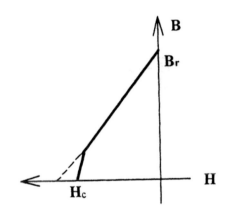

圖 7.3　以直線來表示磁石的特性

其中 x_m 為磁化係數(無因次量)，$\vec{M}$ 為磁化向量(A/m)，$\vec{H}$ 為外部供

給的磁場強度。為了簡單，將向量的符號去除，讀者應該記住，A 和 J

是單一分量(z)的向量，但如同 B 和 H，M 也有兩個分量(x, y)。M 與剩

磁有以下關係：

$$\mu_0 M = B_r$$ (7.2)

而增量導磁係數(即線的斜率)為

$$\frac{\partial B}{\partial H} = \mu_0 (1 + x_m) \tag{7.3}$$

其中因 x_m 通常是一個很小的正數，所以永磁材料的導磁係數只比真空中的值大一點點而已。定義導磁率為

$$\upsilon = \frac{1}{\mu_0 (1 + x_m)} \tag{7.4}$$

得

$$H = \upsilon (B - \mu_0 M) \tag{7.5}$$

利用 $\nabla \times H = J$ ，(7.5)式可以寫成

$$\nabla \times \upsilon B = J + \nabla \times (\upsilon \mu_0 M) \tag{7.6}$$

上式右邊第二項可以視為一個等效的磁性電流，對於均勻的磁場，此電流只存在磁石的表面。對於二維問題，若考慮永磁時，(3.41)式變成

$$\nabla \times \upsilon (\nabla \times A) = J_s + \nabla \times (\upsilon \mu_0 M) \tag{7.7}$$

使用加權剩餘法得

$$\iint_\Omega W \cdot (\nabla \times \upsilon (\nabla \times A)) dx dy - \iint_\Omega W \cdot J_s dx dy - \iint_\Omega W \cdot (\nabla \times (\upsilon \mu_0 M)) dx dy = 0$$

$$\tag{7.8}$$

或

$$\iint_\Omega \nabla \times (\upsilon \nabla \times A - \upsilon \mu_0 M) \cdot W dx dy - \iint_\Omega J_s \cdot W dx dy = 0 \qquad (7.9)$$

葛樂金法是選擇加權函數 W 等於元素的形狀函數 N。使用部分積分及以下向量恆等式得

$$(\nabla \times F) \cdot G = \nabla \cdot (F \times G) + F \cdot (\nabla \times G) \qquad (7.10)$$

並令 $F = \upsilon \nabla \times A - \upsilon \mu_0 M$，$G = N$，則式(7.9)第一項可寫爲

$$\iint_\Omega \nabla \times (\upsilon \nabla \times A) - \upsilon \mu_0 M) \cdot N dx dy = \iint_\Omega (\upsilon \nabla \times A - \upsilon \mu_0 M) \cdot (\nabla \times N) dx dy$$

$$+ \iint_\Omega \nabla \cdot (\upsilon \nabla \times A - \upsilon \mu_0 M) \times N dx dy \qquad (7.11)$$

(7.11)式最後一項可以用散度定理寫成一個線積分

$$\iint_\Omega \nabla \cdot (\upsilon \nabla \times A - \upsilon \mu_0 M) \times N dx dy = \oint_c \{(\upsilon \nabla \times A - \upsilon \mu_0 M) \times N\} \cdot \bar{n} dc$$

$$(7.12)$$

使用向量恆等式 $F \times G = -G \times F$，$(F \times G) \cdot T = F \cdot (G \times T)$，(7.12)式線積分變成

$$\oint_c \{(\upsilon \nabla \times A - \upsilon \mu_0 M) \times N\} \cdot \bar{n} dc = \oint_c N \cdot \{(\upsilon \nabla \times A - \upsilon \mu_0 M) \times \bar{n}\} dc$$

$$(7.13)$$

線積分只有對位於邊界元素才須計算，上式右邊括弧內代表 H 的正切分量，若令為零，亦即假設為自然邊界，則此積分為零。故最後得到

$$\iint_\Omega \upsilon(\nabla \times A)\cdot(\nabla \times N)dxdy = \iint_\Omega \upsilon\mu_0 M\cdot(\nabla \times N)dxdy + \iint_\Omega N\cdot Jdxdy$$

(7.14)

對於二維問題，A 和 J 只有 z 方向的分量，而 M 只有 x 和 y 的分量。(7.14)式寫成

$$\iint_\Omega \upsilon\left(\frac{\partial A}{\partial x}\frac{\partial N}{\partial x} + \frac{\partial A}{\partial y}\frac{\partial N}{\partial y}\right)dxdy = \iint_\Omega\left[\upsilon\mu_0\left(M_x\frac{\partial N}{\partial y} - M_y\frac{\partial N}{\partial x}\right) + J_s\cdot N\right]dxdy$$

(7.15)

除右邊第一項外，(7.15)式與(4.6)式完全一樣。右邊第一項代表永磁的表示法，即

$$\iint_\Omega \upsilon\mu_0\left(M_x\frac{\partial N}{\partial y} - M_y\frac{\partial N}{\partial x}\right)dxdy$$

(7.16)

對於一次三角元素，

$$\frac{\partial N_i}{\partial x} = \frac{b_i}{2\Delta}, \qquad \frac{\partial N_i}{\partial y} = \frac{C_i}{2\Delta}$$

(7.17)

代入(7.16)式，得到

$$\iint\limits_{\Omega} \frac{\upsilon\mu_0}{2\Delta} \left\{ M_x \begin{pmatrix} c_i \\ c_j \\ c_k \end{pmatrix} - M_y \begin{pmatrix} b_i \\ b_j \\ b_k \end{pmatrix} \right\} dxdy \qquad (7.18)$$

因整個積分項為一常數，故此雙重積分為三角形面積，上式最後結果變成

$$\frac{\upsilon\mu_0}{2} \left\{ M_x \begin{pmatrix} c_i \\ c_j \\ c_k \end{pmatrix} - M_y \begin{pmatrix} b_i \\ b_j \\ b_k \end{pmatrix} \right\} \qquad (7.19)$$

7.2　永磁的等效電流層模型

　　等效電流層是第一個用來表示永磁模型的方法。此法的優點是仍然可使用第四章之標準靜磁場程式。因永磁可由其表面的電流薄層元素來表示。不過遇到特殊外形的磁石時，此法就不易使用。然而經一再研究突破，目前已可以應用在任意外形的磁石，使得電流層模型和磁化向量法一樣容易的使用。本節將介紹第莫第斯法(Demerdash method)，針對線性磁石，將以兩個步驟來說明此法。首先考慮具均勻截面的磁石如

圖 7.4 所示。假設鐵心的導磁係數為無窮大,得

$$H_m l + H_g g = 0$$

或

$$H_g = \frac{-l}{g} H_m \qquad (7.20)$$

若忽略邊緣效應和角落效應,則磁通密度 B 為均勻的,而且

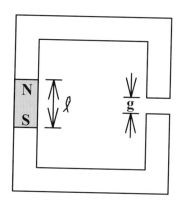

圖 7.4 具有永磁之 C 型磁石

$$B = -\mu_0 \frac{l}{g} H_m \qquad (7.21)$$

式(7.21)即為磁路的氣隙特性。整個磁路系統的操作點是位於氣隙特性和永磁特性的交點。故對於一個線性磁石有以下關係:

$$B = B_r + \frac{B_r}{H_c} H$$

$$B = B_r + \mu_0 (1 + x_m) H \tag{7.22}$$

$$B = B_r + \mu H$$

在圖 7.5 中，操作點位於 (H_1, B_1)，注意 H_1 為負值。假如將鐵心的導磁係數為有限值且考慮飽和，則新的負載線將位於氣隙線之下方，操作點之磁通密度也較低。圖 7.4 的永磁可以用一安匝 $NI = H_c \cdot \ell$ 及等效導磁係數 $\mu = B_r / H_c$ 的電流層來表示。假如鐵心的導磁係數為無窮大，則

$$H_m \cdot \ell + H_g \cdot g = H_c \cdot \ell \tag{7.23}$$

利用磁通連續的條件，得到

$$\frac{H_c}{B_r} B + \upsilon \frac{g}{\ell} B = H_c \tag{7.24}$$

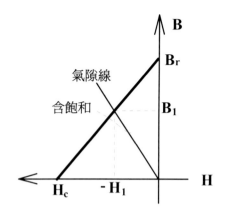

圖 7.5　永磁在第二象限之操作

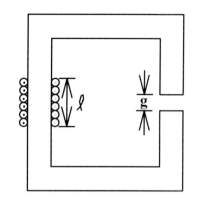

圖 7.6　以電流層激磁之磁路

　　所有永磁外部的磁通量，與前面的情況相同。整個磁路系統的特性現在可以用圖 7.6 來表示，不過將特性轉移至第一象限。這種方法對於任意矩形磁石且磁化方向平行該磁石兩邊者，是很容易應用的。步驟歸納如下：

(1)以導磁係數 $\mu_{eq} = B_r / H_c$ 的材料取代磁石。

(2)沿磁石兩邊加一能產生與磁化向量同向薄電流層。其線電流密度(安/公尺)必須等於 H_c。

　　對於任意形狀的磁石，也可延伸前面的作法。以一個磁化方向垂直一三角形的一邊為例如圖 7.7 所示。

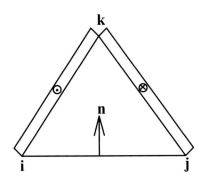

圖 7.7　單向磁化之三角形磁石

在 jk 電流層的電流為

$$I_{jk} = -H_c \vec{l}_{jk} \cdot \hat{n}_{jk}\tag{7.25}$$

其中 $\vec{l}_{jk}$ 是從節點 j 到節點 k 的向量，它的大小為 jk 邊的長度。同樣在 ki 電流層的電流為

$$I_{ki} = -H_c \vec{l}_{ki} \cdot \hat{n}_{ki}\tag{7.26}$$

假如磁化向量的方向為任意，則也可以把他分解為垂直於三角形任意邊的分量。在此情況，電流層如圖 7.8 所示。

現在將三角形各邊的向量，也成對應於 x 和 y 的分量

$$\bar{l}_{ij} = (x_j - x_i)\hat{x} + (y_j - y_i)\hat{y}$$
$$\bar{l}_{jk} = (x_k - x_j)\hat{x} + (y_k - y_j)\hat{y} \quad\quad (7.27)$$
$$\bar{l}_{ki} = (x_i - x_k)\hat{x} + (y_i - y_k)\hat{y}$$

而各邊電流層之電流變成

$$I_{ij} = -H_c((x_j - x_i)\cos\theta_n + (y_j - y_i)\sin\theta_n)$$
$$I_{jk} = -H_c((x_k - x_j)\cos\theta_n + (y_k - y_j)\sin\theta_n) \quad\quad (7.28)$$
$$I_{ki} = -H_c((x_i - x_k)\cos\theta_n + (y_i - y_k)\sin\theta_n)$$

當指定使用節點電流時，則節點電流為其連接之兩邊電流和的一半。例如節點電流 i 之節點電流 I_i 為

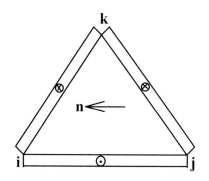

圖 7.8 磁化向量的方向為任意例子

$$I_i = \frac{1}{2}(I_{ij} + I_{ki})$$

$$I_i = \frac{1}{2} H_c ((x_k - x_j) \cos\theta_n + (y_k - y_j) \sin\theta_n)$$

(7.29)

對於 I_j 和 I_k 有相似的表示式。若將第一個係數(x 分量)視為 c_i，而第二個係數(y 分量)視為 b_i。(7.28)式可以寫成

$$I_i = \frac{1}{2} H_c (c_i \cos\theta_n - b_i \sin\theta_n)$$

$$I_j = \frac{1}{2} H_c (c_j \cos\theta_n - b_j \sin\theta_n)$$

$$I_k = \frac{1}{2} H_c (c_k \cos\theta_n - b_k \sin\theta_n)$$

(7.30)

從式(7.1)，等效磁化向量為

$$M = -\upsilon_r H_c$$

(7.31)

所以

$$I_i = \frac{1}{2} \upsilon\mu_0 \left(M_x c_i - M_y b_i\right)$$

(7.32)

此與式(7.19)使用磁化向量法所得到的結果相同。當元素共用永內部的一邊時，邊電流方向相反，而相互抵消，如圖 7.9 所示。這是因假如用反時針之編碼原則的話，在這兩個元素中，$\vec{M}$ 為同向，而 $\vec{I}$ 為反向。

此一結果顯示只有在磁石的外邊界電流層不為零。當然此一結果只對線性磁石才成立。經由這樣一個一個元素的組合,我們可以模擬任意外型的磁石。

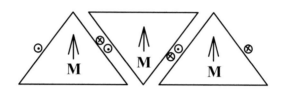

圖 7.9　磁石三角元素內邊電流相抵銷

習題

7.1 在習題 4.1，若將元素 3 之電流區域以永磁來取代，永磁之 $\mu_{r3} = 1.05$ ， $B_r = 0.8$ ，磁化方向爲沿 y 軸，其餘條件與習題 4.1 相同，重作習題 4.1。

參考文獻

[1] O. C. Zienkiewicz, and K. Morgan, Finite Elements and Approximation, John Wiley and Sons, Inc., 1983.

[2] L. J. Segerlind, Applied Finite Element Analysis, 2nd Ed., John Wiley and Sons, Inc., 1984.

[3] K. H. Huebner, E. A. Thornton, and T. G. Byrom, The Finite Element for Engineers, John Wiley and Sons, Inc., 1995.

[4] J. Jin, The Finite Element Method in Electromagnetics, 2nd Ed., John Wiley and Sons, Inc., 2002.

CHAPTER 8

有限元素之後處理

　　如第一章所述，經有限元素法作電磁場分析後，可以利用場分析的結果來計算許多有用的參數，諸如：磁通交鏈、應電勢、鐵損、繞組電感及轉矩等，此步驟稱為後處理(Post-processing)，本章將介紹後處理有關之基本原理。

8.1　磁力線分佈

　　有限元素分析的結果是各節點的變數值，這一大堆的數據，根本無法瞭解它的特點。因此，必須將這些數據以圖形來顯示如等磁位線。任何一種電氣產品在設計過程中，預估磁力線的分佈情形是相當重要的工作，由磁力線的分佈可以知道整個磁路飽和及漏磁的情形。磁力線的分佈可以等磁位線來表示，當各節點的數值 A 求得後，則每一元素之等磁位線的作法可以用圖 8.1 來說明，若 $A_1 < A_2 < A_3$，而 K 為所求之某一磁位線，則在 13 邊及 23 邊之座標分別為，

$$x_4 = \frac{K - A_2}{A_3 - A_2}(x_3 - x_2) + x_2, \quad y_4 = \frac{K - A_2}{A_3 - A_2}(y_3 - y_2) + y_2 \quad (8.1)$$

$$x_5 = \frac{K - A_1}{A_3 - A_1}(x_3 - x_1) + x_1, \quad y_5 = \frac{K - A_1}{A_3 - A_1}(y_3 - y_1) + y_1 \quad (8.2)$$

此兩點之連線即為所求之磁力線。圖 8.2 為九槽十二極光碟機主軸馬達之磁力線分佈圖。

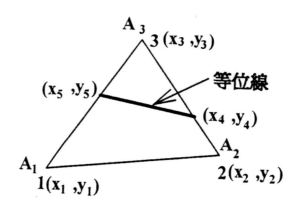

圖 8.1 等磁位線的作圖法

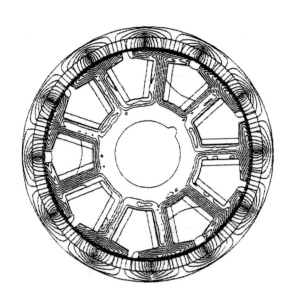

圖 8.2 光碟機主軸馬達之磁力線分佈圖

8.2　磁通密度

電磁場問題通常以磁向量位能 A 為變數來求解，所以磁通密度可用磁向量位能之漩度得到，以二維問題為例，由(3.2)每一元素中之磁通密度在 x 及 y 方向之大小為，

$$B_x = \frac{1}{2\Delta}\sum_{i=1}^{3} c_i A_i, \quad B_y = -\frac{1}{2\Delta}\sum_{i=1}^{3} b_i A_i \tag{8.3}$$

而軸對稱問題則為，

$$B_r = -\frac{\partial A_\theta}{\partial z} = -\frac{1}{2\Delta}\sum_{i=1}^{3}c_i A_{\theta i},$$

$$B_z = \frac{1}{r}\frac{\partial(rA_\theta)}{\partial r} = \frac{1}{2\Delta}\sum_{i=1}^{3}\left(b_i A_{\theta i} + \frac{A_0}{r_0}\right) \tag{8.4}$$

其中 $A_0 = (A_{\theta i} + A_{\theta j} + A_{\theta k})/3$。故每一元素之磁通密度爲 B_x 及 B_y 或 B_r 及 B_z 的平方和開根號,且爲單一值,而磁場強度可由 $H = \upsilon B$ 之關係求得。

8.3 電磁能量

計算儲存在磁場中之能量時,應先計算下式之能量密度:

$$w = \int_{0}^{\bar{B}} H(B) \cdot dB \tag{8.5}$$

則總儲存之能量爲

$$W_m = \iiint_V w dv \tag{8.6}$$

如圖 8.3 所示爲典型鐵心材料之 B-H 曲線,以 B-H 特性曲線區分為兩個區域，在一定 $B(H)$ 下，左上方面積即為能量(Energy)w，右下方面積稱為共能量(Coenergy) w'。左上方之面積可應用數值分析方法如高斯法(Gauss-Legendra quadrature method)，每一元素內，沿其所用材料之 $B\text{-}H$ 特性曲線，積分至該元素由計算所得磁通密度之上限 $\overline{B}$ 值，但並非如圖 8.3 所示之最大值。

若 $B\text{-}H$ 曲線在線性變化區，如下式僅須計算有電流區域即可：

$$W_m = \frac{1}{2} \iiint_V J \cdot A\,dv = \frac{1}{2} \sum_{n=1}^{N} J_n \frac{\left(A_i + A_j + A_k\right)^n}{3} \Delta_n \tag{8.7}$$

上項結果再乘該領域 z 向厚度即為總儲存之電磁能量。

自電感可由下式求得：

$$L = \frac{2W_m}{i^2} \tag{8.8}$$

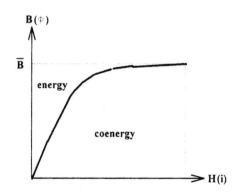

圖 8.3　鐵心材料 B-H 曲線之電磁能量計算

8.4 力與轉矩

目前尚無完全可靠的方法來計算力與轉矩，計算力與轉矩的收斂速度通常比電磁場之計算要慢，而且電磁場之解雖然精確，但力與轉矩的計算可能會產生誤差，即使用相同的電磁場解也可能會得到不同的結果。因此，計算力及轉矩需要細心。在第一章曾提到各商用軟體所使用計算力與轉矩的方法，本節將介紹三種力的計算方法：安培力定理、馬克斯威爾應力法(Maxwell stress method)及虛擬功法(Virtual work method)。三種方法均可以用來計算總力，其中虛擬功法或馬克斯威爾應力法無法(或至少不能直接)計算力的分佈情形，而安培力定理只能應用在非導磁性導體，卻可用來計算力的分佈情形。

8.4.1 安培力定理

安培力定理是最直接而且最簡單的方法，只要知道該部分之磁通密度及電流密度(為已知或經渦流計算)，則這部分的力向量為

$$dF = \bar{J} \times \bar{B}$$

(8.9)

此式在求作用於導體上的力是非常有用的。

8.4.2 馬克斯威爾應力法

推導馬克斯威爾應力的步驟可以歸納如下：

將有關係的鐵磁材料部分以一等效電流分佈 J 取代，使該部分的場仍然相同。

1.求該等效電流之體力密度 P_v 的表示式。

2.以某一張量 T 的散度(divergence)來表示 P_v，即 $P_v = \nabla \cdot T$，則整個體積之總力即爲其體積分，$F = \iiint P_v \cdot dv = \iiint \nabla \cdot T dv$。

3.應用散度定理將體積分成面積分，$F = \iiint \nabla \cdot T dv = \iint T \cdot ds$。

以下將依照這些步驟詳細推導馬克斯威爾應力有關公式。

若一鐵磁性體的體積爲 V，以等效面電流 J_s 及體電流 J_v 的分佈來表示，此電流之定義如下：

$$J_s = \frac{M_t}{\mu_0} \hat{a}_t \tag{8.10}$$

$$J_v = \frac{\nabla \times M}{\mu_0} \tag{8.11}$$

其中 $\hat{a}_t$ 是表面單位切向量，下標 t 表向量之切線分量。磁化向量定

義為

$$M = B - \mu_0 H \tag{8.12}$$

應用這些公式，於原理上能夠在自由空間中，以體積及表面電流取代這磁性體。如同第六章以等效電流層取代永磁一樣。力密度可以計算如下

$$P_v = J \times B \tag{8.13}$$

由式(3.7)及(3.18)，上式變成

$$P_v = (\nabla \times \frac{B}{\mu_0}) \times B \tag{8.14}$$

力密度的 x 分量 P_x 為

$$P_x = \frac{1}{\mu_0} \left(B_z \frac{\partial B_x}{\partial z} - B_z \frac{\partial B_z}{\partial x} + B_y \frac{\partial B_x}{\partial y} - B_y \frac{\partial B_y}{\partial x} \right) \tag{8.15}$$

上式括號內各加及減($\frac{1}{\mu_0} B_x \frac{\partial B_x}{\partial x}$) 項，再利用 $\frac{\partial B_q^2}{\partial r} = 2B_q \frac{\partial B_q}{\partial r}$ 的關係

得到

$$P_x = \frac{1}{\mu_0} \left[\frac{1}{2} \frac{\partial B_x^2}{\partial x} B_x^2 + B_z \frac{\partial B_x}{\partial z} + B_y \frac{\partial B_x}{\partial y} - \frac{1}{2}(B_x^2 + B_y^2 + B_z^2) \right] \tag{8.16}$$

上式重寫成

$$P_x = \frac{1}{\mu_0}\left[\frac{\partial}{\partial x}\left(B_x^2 - \frac{1}{2}|B|^2\right) + \frac{\partial}{\partial y}\left(B_x B_y\right) + \frac{\partial}{\partial z}\left(B_x B_z\right) - B_x \nabla \cdot B\right] \quad (8.17)$$

因 $\nabla \cdot B = 0$，得到

$$P_x = \frac{1}{\mu_0}\left[\frac{\partial}{\partial x}\left(B_x^2 - \frac{1}{2}|B|^2\right) + \frac{\partial}{\partial y}\left(B_x B_y\right) + \frac{\partial}{\partial z}\left(B_x B_z\right)\right] \quad (8.18)$$

此式是一張量 T 的散度形式

$$P_x = \nabla \cdot T_x = \frac{\partial T_{xx}}{\partial x} + \frac{\partial T_{xy}}{\partial y} + \frac{\partial T_{xz}}{\partial z} \quad (8.19)$$

其中 T 的 x，y 及 z 分量分別定義如下：

$$T_{xx} = \frac{1}{\mu_0}\left(B_x^2 - \frac{1}{2}|B|^2\right) \quad (8.20)$$

$$T_{xy} = \frac{1}{\mu_0}B_x B_y \quad (8.21)$$

$$T_{xz} = \frac{1}{\mu_0}B_x B_z \quad (8.22)$$

同樣力密度在 y 及 z 分量分別為 $P_y = \nabla \cdot T_y$ 及 $P_z = \nabla \cdot T_z$，將向量

T_x、T_y 及 T_z 以一張量 T 來表示

$$T = \frac{1}{\mu_0} \begin{pmatrix} B_x^2 - \frac{1}{2}|B|^2 & B_x B_y & B_x B_z \\ B_y B_x & B_y^2 - \frac{1}{2}|B|^2 & B_y B_z \\ B_z B_x & B_z B_y & B_z^2 - \frac{1}{2}|B|^2 \end{pmatrix} \tag{8.23}$$

體積力密度可以寫成張量的散度

$$P_v = \nabla \cdot T \tag{8.24}$$

積分全部的體積求得總力

$$F = \iiint_v \nabla \cdot T dv \tag{8.25}$$

使用向量散度定理，將上式積分變成面積分

$$F = \oiint_s T \cdot ds \tag{8.26}$$

對於二維問題而言，此面積分變成線積分，若表面之單位切線及法線向量為

$$\hat{a}_n = s_x \hat{a}_x + s_y \hat{a}_y \tag{8.27}$$

$$\hat{a}_t = -s_y \hat{a}_x + s_x \hat{a}_y \tag{8.28}$$

增量積分路徑為 $ds = \hat{a}_t dl$，其中 dl 是沿積分路徑之微小長度，則

增量力為

$$dF = T \cdot ds$$

$$= \frac{dl}{\mu_0} \begin{pmatrix} B_x^2 - \frac{1}{2}|B|^2 & B_x B_y \\ B_y B_x & B_y^2 - \frac{1}{2}|B|^2 \end{pmatrix} \begin{pmatrix} -s_y \\ s_x \end{pmatrix} \tag{8.29}$$

增量力的切線分量及法線分量分別為

$$\begin{aligned} dF &= d\vec{F} \cdot \hat{a}_t \\ &= dF_x s_y + dF_y s_y \\ &= \frac{dl}{\mu_0}\left[B_x B_y \left(s_x^2 - s_y^2\right) + s_x s_y \left(B_y^2 - B_x^2\right)\right] \end{aligned} \tag{8.30}$$

$$\begin{aligned} dF_n &= d\vec{F} \cdot \hat{a}_n \\ \\ &= -dF_x s_y + dF_y s_x \\ &= \frac{dl}{\mu_0}\left[\, B_x^2 B_y^2 + B_y^2 s_x^2 - \frac{1}{2}|B|^2 - 2B_x B_y s_x s_y \,\right] \end{aligned} \tag{8.31}$$

磁通密度的切線及法線分量分別為

$$B_t = \vec{B} \cdot \hat{a}_t = B_x s_x + B_y s_y \tag{8.32}$$

$$B_n = \vec{B} \cdot \hat{a}_n = -B_x s_y + B_y s_x \tag{8.33}$$

將上兩式作以下之運算

$$B_n B_t = -B_x^2 s_x s_y + B_x B_y s_x^2 - B_x B_y s_y^2 + B_y^2 s_x s_y$$

$$= B_x B_y \left(s_x^2 - s_y^2\right) + s_x s_y \left(B_y^2 - B_x^2\right) \tag{8.34}$$

$$B_n^2 - B_t^2 = B_x^2 s_y^2 - 2B_x B_y s_x s_y + B_y^2 s_x^2 -$$

$$(B_x^2 s_x^2 + 2B_x B_y s_x s_y + B_y^2 s_y^2) \tag{8.35}$$

在式(8.35)中加及減 $B_x^2 s_y^2 + B_y^2 s_y^2$ 項

$$B_n^2 + B_t^2 = 2B_x^2 s_y^2 - 2B_x B_y s_x s_y + 2B_y^2 s_x^2$$

$$-(B_x^2 s_x^2 + B_x^2 s_y^2 + 2B_x B_y s_x s_y + 2B_x B_y s_x s_y + B_y^2 s_y^2 + B_y^2 s_x^2)$$

$$= 2B_x^2 s_y^2 + 2B_y^2 s_x^2 - 4B_x B_y s_x s_y - B_x^2 \left(s_x^2 + s_y^2\right) - B_y^2 \left(s_x^2 + s_y^2\right)$$

$$= 2B_x^2 s_y^2 + 2B_y^2 s_x^2 - 4B_x B_y s_x s_y - |B|^2 \tag{8.36}$$

比較式(8.30)及(8.34)及式(8.36)，得到

$$dF_i = \frac{B_n B_t}{\mu_0} dl \tag{8.37}$$

$$dF_n = \frac{B_n^2 - B_t^2}{2\mu_0} dl \tag{8.38}$$

力密度可表示如下

$$p_t = \frac{B_n B_t}{\mu_0} \tag{8.39}$$

$$p_n = \frac{B_n^2 - B_t^2}{2\mu_0} \tag{8.40}$$

上式是一般熟悉的馬克斯威爾應力表示式。

其實，應用馬克斯威爾應力法計算力並不需要先求式(8.10)及(8.11)之等效電流分佈，只要知道他們確實存在，直接應用式(8.39)及(8.40)便可。實際上，不管該區域之材料為均質性或非均質性、線性或非線性及有無電流，其等效電流分佈均存在，故馬克斯威爾應力法可以應用在這些區域或材料上。

不過，在應用馬克斯威爾應力法時必須謹慎的選取積分路徑，積分路徑必須位於自由空間且包圍欲求力區域，不可以穿越任何鐵磁材料，因鐵磁材料之導磁率隨位置而變，式(8.14)無法寫成式(8.15)；也不可以穿越以等效電流分佈取代的區域。另外，積分路徑必須是封閉的，才可以符合散度定理。

8-13

在有限元素分析上，積分路徑通常採取連接鄰近元素的重心，此方式適合一階三角形元素；或將積分路徑通過兩元素共同邊的中點；或將積分路徑垂直通過元素的邊界；此方式適合誤差分析。

8.4.3 虛擬功法

　　虛擬功法特別適合有限元素分析，因有限元素法從能量泛函的極小化開始。儲存磁能是一整體量，他比較不受因元素品質不良或局部捨入(Local round off)所造成之局部誤差影響。雖然虛擬功法在有限元素分析中已被使用多年，但尚有許多棘手的地方，首先必須有兩組解來計算力。因兩組解需有不同幾何形狀，亦即物體某部分需作一有限但很小的移動，元素也需重新分割這些需要靠正確的判斷力和經驗。獲得兩組解後，以數值的微分來求力，即將兩組解之能量差除以此小移動量，通常對兩組能量很大但數值十分接近，使得兩者之差很小，而失去意義。在某些情況，儲存能量的改變，不是完全由機械功所造成，而可能是因電磁源的改變所造成。

　　力的求法有兩種方式，第一種是在磁通鏈為定值時，磁能變化相對於位移，第二種是在電流為定值時，共軛磁能變化相對於位移，後者較適合用在有限元素方程式中，以下說明此方法之步驟：

1.建立分析領域，使用有限元素解析後，計算共軛磁能，W_1'。

2.沿力的方向移動待求之部分一小距離$\triangle S$後，以與前面相同大小
　電流重解問題，計算共軛磁能，W_2'。

3.在 s 方向的力為

$$F_s = \frac{W_2' - W_1'}{\Delta s} \tag{8.41}$$

將式(4.10)磁通密度之平方寫成矩陣形式

$$B^2 = \frac{1}{4\Delta^2}\begin{pmatrix} A_i & A_j & A_k \end{pmatrix}\begin{pmatrix} b_i^2 & b_ib_j + c_ic_j & b_ib_k + c_ic_k \\ b_ib_j + c_ic_j & b_j^2 + c_j^2 & b_jb_k + c_jc_k \\ b_ib_k + c_ic_k & b_jb_k + c_jc_k & b_k^2 + c_k^2 \end{pmatrix}\begin{pmatrix} A_i \\ A_j \\ A_k \end{pmatrix}$$

$$B^2 = \frac{1}{\Delta} A^T SA \tag{8.43}$$

其中 S 矩陣如式(4.8)所示。在二維問題，一元素單位深度所儲存
的能量為

$$W_{mag}^{(e)} = \iint_{\Omega_e}\frac{B^2}{2\mu}dxdy = \frac{B^2}{2\mu}\iint_{\Omega_e}dxdy$$

$$= \frac{1}{2\mu}B^2\Delta = \frac{1}{2\mu}A^T S^{(e)} A \tag{8.44}$$

8-15

此元素在所求力方向對力之貢獻，可以用(8.44)式對該力方向加以微分，例如在 x 方向之力為

$$F_x^{(e)} = -\frac{\partial W_{mage}^{(e)}}{\partial x}\bigg| \text{ 定值交鏈} = -\frac{\partial}{\partial x}\left[\frac{1}{2\mu}A^T S^{(e)} A\right] \tag{8.45}$$

因磁通交鏈為常數，故上式中 A 也是常數，若此元素的 B-H 曲線是在線性的範圍，則 $\partial v^{(e)}/\partial x = 0$，通常移動的部分均限制在線性範圍。力的展開式變成

$$F_x^{(e)} = -\frac{v^{(e)}}{2}[A]^T\left[\frac{\partial S^{(e)}}{\partial x}\right][A] \tag{8.46}$$

將全部元素的貢獻相加即總力。對未移動或均勻移動而未變形的元素，上式為零，只有那些變形的元素才會產生力。

由(4.8)得

$$S_{ij} = \frac{b_i b_j + c_i c_j}{4\Delta} \tag{8.47}$$

對 x 的微分

$$\frac{\partial S_{ij}}{\partial x} = \frac{4\Delta\left[\frac{\partial b_i}{\partial x}b_j + \frac{\partial b_j}{\partial x}b_i + \frac{\partial c_i}{\partial x}c_j + \frac{\partial c_j}{\partial x}c_i\right] - 4\left(b_ib_j + c_ic_j\right)\frac{\partial \Delta}{\partial x}}{16\Delta^2}$$

(8.48)

三角形的面積，△為

$$\Delta = \frac{1}{2}\left[b_ic_j - b_jc_i\right]$$

(8.49)

且

$$\frac{\partial \Delta}{\partial x} = \frac{1}{2}\left[b_i\frac{\partial c_j}{\partial x} + c_j\frac{\partial b_i}{\partial x} - b_j\frac{\partial c_i}{\partial x} - c_i\frac{\partial b_i}{\partial x}\right]$$

(8.50)

將式(4.5)b 及 c 之值對 x 微分，得

$$\frac{\partial b_i}{\partial x} = \frac{\partial y_j}{\partial x} - \frac{\partial y_k}{\partial x} = 0$$

(8.51)

$$\frac{\partial b_j}{\partial x} = \frac{\partial y_k}{\partial x} - \frac{\partial y_i}{\partial x} = 0$$

(8.52)

$$\frac{\partial c_i}{\partial x} = \frac{\partial x_k}{\partial x} - \frac{\partial x_i}{\partial x} = 0$$

(8.53)

$$\frac{\partial c_i}{\partial x} = \frac{\partial x_i}{\partial x} - \frac{\partial x_k}{\partial x} = 0$$

(8.54)

以上這些導數是沒有單位的，均代表一個相對的運動。

習題

8.1 參考習題 4.2，求此兩元素中 $A=0$ 的位置，並在圖上標示 $A=0$ 這條線。

參考文獻

[1] O. C. Zienkiewicz, The Finite Element Method in Engineering Science, McGrawHill, London, 1971.

[2] M. H. Samaha, Magnetic Vector PotentialFinite Element Solution of Magnetic Field in Electrical machine Containing Permanent Magnets, MS tfesis, Virginia Polytechnic Institute and State University, Blacksburg, Virgginia, 1981.

[3] 中田高義、高橋則雄，電氣工學の有限要素法，第 2 版，森北出版株式會社，1982。

[4] P. P. Silvester and R. L. Ferrari, Finite Element for Electrical Engineer, Cambridge University Press, Cambridge England, 1983.

[5] S. R. H. Hoole, Computer-Aided Analysis and Design of Electromagnetic Devices, Elsevier, New York, 1986.

[6] D. A. Lowther and P. P. Silvester. Computer Aided Design in Magnetics, Springer Verlag, New York, 1986.

[7] Basim Istfan, Extensions to the Finite Element Method for Nonlinear Magnetic Field Problems, PhD thesis, Rensselaer Polytechnic Institute, Troy, New York, 1987.

[8] T. M. K. Hijazi, Finite Element – Network Graph Theory Modeling Techniques for Design and Analysis of Permanent Magnet Electronically Commutated Brushless DC Motor Including Rotor Damping Effects, PhD thesis, Clarkson University, Potsdam, New York, 1988.

[9] C. C. Hwang, Finite Element Field Analysis for Electrical Devices and Machines, PhD thesis, National Tsing Hua University, Hsinchu, Taiwan, 1989.

[10]S. J. Salon, Finite Element Analysis of Electrical Machines, Kluwer Academic Publishers, Boston, 1995.

[11]Finite Elements, Electromagnetics and Design, Edited by S. R. H. Hoole, Elsevier, New york, 1995.

CHAPTER 9

電磁場解析的基本問題

本章將介紹使用有限元素法作電磁場解析時，經常遇到的一些問題，作為撰寫程式或執行商用軟體的參考。

9.1　解析領域的作成

如第二章所述，使用有限元素法解析電磁場問題時，因為它是屬於邊界值問題，必須先定義它的解析領域，但是在許多實際的情況，無法以有限界限定義問題的解析領域，甚至於該問題根據是開領域(Open boundary)。不過一般可以建立人為的邊界，令其為等磁力線邊界。另外也有以數學的手段，將邊界擴展到無窮遠[1]。

解析領域定義完成後，再依圖 3.1 及 3.2 的方法，決定採用的座標系統－2D、3D 或軸對稱系統。如果可以找到問題的對稱性，應儘量利用這個優勢，以減少計算量，如圖 9.1 只取四分之一領域來解析。

對使用向量磁位(A)為變數的算則來說，不管是人為邊界或無窮邊界，不外乎以下三種邊界條件(參考圖 9.1 及 9.2)：

1.磁力線平行的邊界，即 $A = 0$。

2.磁力線垂直的邊界，即 $\partial A / \partial n = 0$。

3.週期邊界條件，此條件通常在利用問題的對稱性為解析時有此情況。參考圖 9.2，一台四極二十四槽之電機，亦可取四分之一領域來解析，從圖中可以看出 $A_1 = -A_4$，$A_2 = -A_5$，$A_3 = -A_6$。

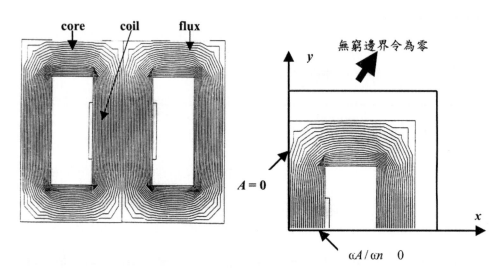

(a)問題的截面   (b) 四分之一解析領域及其邊界條件

圖 9.1 解析領域

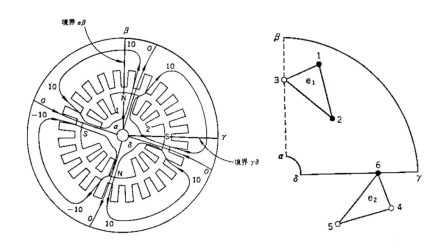

圖 9.2 四極二十四槽電機截面及四分之一解析領域

9.2　元素的分割

在第一章中提到有限元素法的解析分三個模組，其中前處理器在整個解析過程中所花費的時間最多，也須依賴一些經驗，尤其是使用商用軟體時，故前處理器對整個問題的解析影響最大，本節將提出幾個重要的觀點，以供參考。

雖然元素可以自動產生，但可以依需要，在指定的區域產生粗細不同的網格，至於何處粗？何處細？必須對問題有些瞭解，例如：磁力線變化較大的區域，如氣隙附近，就必須產生較細密的網格，離開氣隙愈遠，網格愈粗，參考圖 9.3。

網格的形狀，例如二維的一次三角元素，以接近正三角形最佳，參考圖 9.4，其堅固矩陣由式(4.5)及(4.8)得到，

$$k_{11} = \frac{\upsilon}{4\Delta}\left[(y_2 - y_3)^2 + (x_3 - x_2)^2\right] \tag{9.1}$$

$$k_{12} = \frac{\upsilon}{4\Delta}\left[(y_2 - y_3)(y_3 - y_1) + (x_3 - x_2)(x_1 - x_3)\right] \tag{9.2}$$

$$k_{22} = \frac{\upsilon}{4\Delta}\left[(y_2 - y_1)^2 + (x_1 - x_3)^2\right] \tag{9.3}$$

圖中看出，1-2 邊及 1-3 邊的長度分別以 L_1 及 L_2 表示，則上式變成

$$k_{11} = \frac{\upsilon}{4\Delta}\left(L_1{}^2 + L_2{}^2\right) \tag{9.4}$$

$$k_{22} = \frac{\upsilon}{4\Delta}L_2{}^2 \tag{9.5}$$

因 $L_1 \gg L_2$，故 $k_{11} \gg k_{22}$，即堅固矩陣內元素的大小差異太大，造成解析的誤差。因此，應儘量避免產生類似形狀的網格。如欲將任一四邊形分割成二個三角形元素，最好能使二個三角形元素的面積比儘量接近 1，亦即取四邊形對角線較短來作分割。

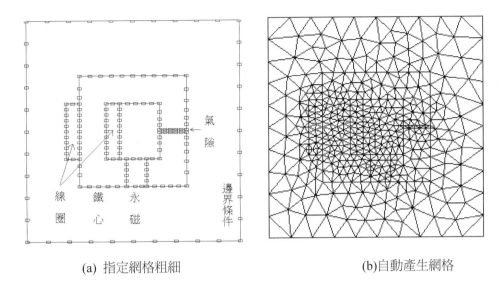

(a) 指定網格粗細

(b)自動產生網格

圖9.3 網格的產生

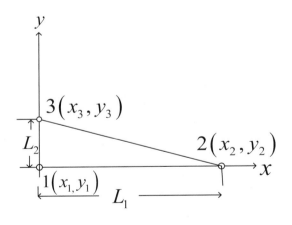

圖 9.4 一次三角元素

另外，同樣的領域會因為不同的分割方式，產生不同的結果。如

圖 9.5 所示。以下將分別以拉卜拉斯方程式(Laplace's equation)及波松方

程式問題加以說明。

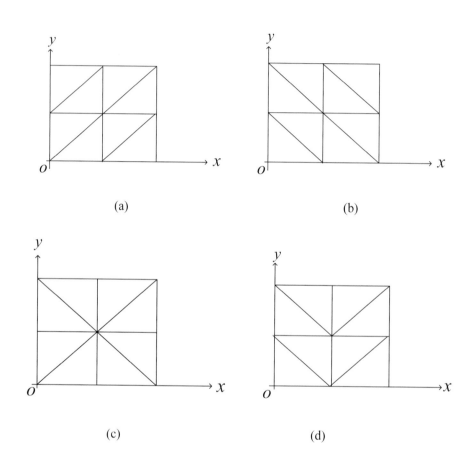

(a)

(b)

(c)

(d)

圖 9.5 同樣的領域不同的分割方式

(甲)拉卜拉斯問題

當領域沒有電流時，即成為解析拉卜拉斯方程式。考慮圖 9.6 的情況，在情況(a)，由式(4.5)得到，$b_1 = -L_2$，$b_2 = L_2$，$b_3 = 0$，$c_1 = -L_1$，$c_2 =$

0，$c_3 = L_1$，代入式(4.8)得到元素(1)及(2)之堅固矩陣爲，(參考習題 4.3)

$$\frac{\upsilon}{4\Delta}\begin{bmatrix} L_1^2 + L_2^2 & -L_2^2 & -L_1^2 \\ -L_2^2 & L_2^2 & 0 \\ -L_1^2 & 0 & L_1^2 \end{bmatrix},$$

$$\frac{\upsilon}{4\Delta}\begin{bmatrix} L_1^2 & -L_1^2 & 0 \\ -L_1^2 & L_1^2 + L_2^2 & -L_2^2 \\ 0 & -L_2^2 & L_2^2 \end{bmatrix} \tag{9.6}$$

故整個堅固矩陣爲，

$$\frac{\upsilon}{4\Delta}\begin{bmatrix} L_1^2 + L_2^2 & -L_2^2 & -L_1^2 & 0 \\ -L_2^2 & L_1^2 + L_2^2 & 0 & -L_1^2 \\ -L_1^2 & 0 & L_1^2 + L_2^2 & -L_2^2 \\ 0 & -L_1^2 & -L_2^2 & L_1^2 + L_2^2 \end{bmatrix} \tag{9.7}$$

同樣，在情況(b)，代入式(4.8)也可以得到如上式相同的整體堅固矩陣，故對拉卜拉斯問題而言，計算結果與分割的方式無關。

(乙) 波松問題

當領域中電流時，即成爲解析波松問題。如上所述，情況(a)及(b)的整體堅固矩陣相同，但驅動向量必須加以考量。元素(1)及(2)個別之驅動向量爲$(J\Delta/3)[1 \quad 1 \quad 1]^T$，得到情況(a)及(2)整體的驅動向量分別爲

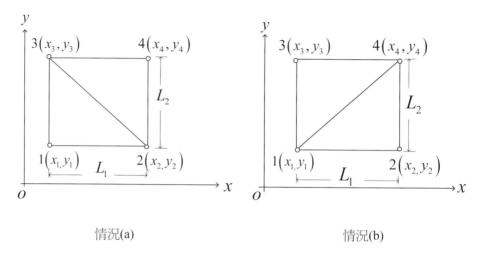

情況(a)　　　　　　　　　　　　情況(b)

圖 9.6 二種不同的分割方式

$$\frac{J\Delta}{3}\begin{bmatrix}1\\2\\2\\1\end{bmatrix}, \quad \frac{J\Delta}{3}\begin{bmatrix}2\\1\\1\\2\end{bmatrix} \tag{9.8}$$

從以上結果顯示對波松問題，不同方式的分割，將得到不同的計算結果。

再者，每一元素的領域必須屬於同一種材料，亦即同一元素不可以跨二種不同的材料，這是分割時必須遵循的基本原則。但當材料的厚度很小，無法遵守「一元素一材料」的原則，而必須將二種材料或二種以上的材料分割成一元素，此時以等效材料係數來取代二種材料或二種以上的材料係數。這種情況經常發生在變壓器或電機的繞組作熱傳分析時。例如：假設 A 材料的材料係數為 k_a，厚度為 a；B 材料的材料係數為 k_b，厚度為 b，則其等效材料係數為

$$k_{eq} = \frac{(k_a \times k_b) \times (a+b)}{k_a \times b + k_b \times a} \qquad (9.9)$$

對於遇到不方便作細密分割的圓形截面時，可以先將它化成等面積的等效的正方形截面，參考圖 9.7 的例子，圖中，$a' = a\sqrt{\pi}$，$b' = b\sqrt{\pi}$，$c' = c\sqrt{\pi}$，再求出等效材料係數即可。

對於使用矽鋼片堆疊而成的鐵芯，通常以磁路觀念來建立整個鐵芯的巨觀的特性，以圖 9.8 為例來加以說明，它包含矽鋼片及空氣等兩種材料，並將它置於直角座標上，若磁通方向沿 y 軸進入，則整個系統的等效磁阻為矽鋼片及空氣磁阻之並聯。在二維座標系統，矽鋼片的磁阻為

$$R_i = \frac{h}{\mu_i w_i} \qquad (9.10)$$

空氣之磁阻為

$$R_a = \frac{h}{\mu_0 w_a} \qquad (9.11)$$

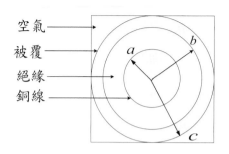 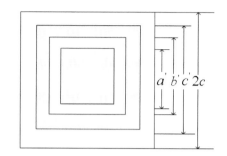

空氣 ——
被覆 ——
絕緣 ——
銅線 ——

圖 9.7 圓形截面的等效

以上符號參考圖 9.8。等效磁阻為

$$R_{eq} = R_i \| R_a = \frac{h}{\mu_i w_i + \mu_0 w_a}$$
(9.12)

故等效導磁率為

$$\mu_{eq} = \frac{\mu_i w_i + \mu_0 w_a}{w_i + w_a}$$
(9.13)

在不飽和的情況下，因 $\mu_i \gg \mu_0$，且 μ_i 及 w_i 的值佔主要部份，故通常選取 w_i 而捨棄並聯的空氣部份，此近似在空氣寬度很窄，且鐵芯未飽和的情況下相當精確。

除此之外，還可以考慮鐵芯之矽鋼片的堆疊因素(Stacking factor)，所謂堆疊因素為矽鋼片的實際堆疊厚度與矽鋼片的外觀厚度之比。若堆疊因素為 0.95，則對等效導磁率必須修正為 95%厚度的矽鋼片並聯 5%的空氣層間隙。

前面考慮磁通沿矽鋼片方向進入，若磁通為垂直穿越矽鋼片的堆疊方向，亦即磁通穿越 95% 厚度的矽鋼片並聯 5% 的空氣層間隙，則單位深度之等效磁阻為，

$$R_{eq} = \frac{0.95w_i}{\mu_i h} + \frac{0.05w_a}{\mu_0 h} \qquad (9.14)$$

從上式可以看出，在不飽和的情況下，空氣層佔主要部份，導致等效導磁率變得很小，約為 $20\,\mu_0$。

在飽和的情況下，飽和曲線也可以使用式(9.12)對飽和區每一點加以修正，如圖 9.9 所示。

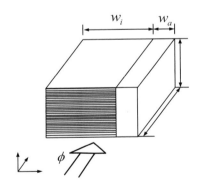

圖 9.8 鐵芯及空氣等兩種材料並列

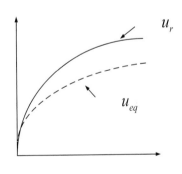

圖 9.9 修正的 B-H 曲線

9.3 節點的編碼

雖然使用商用軟體不須瞭解節點的編碼方法，但對嘗試自己撰寫程式者來說，必須注意最佳的節點編碼，才能降計算機的低儲存空間及縮短計算時間。以圖 9.10 的編碼為例，節點數共 9 個。定義帶寬(Bandwidth)為兩節點的編碼數的最大差異，再加 1，以考量對角項。以圖 9.10(a)的編碼，得到的整體堅固矩陣為，

$$
\begin{bmatrix}
\times & \times & 0 & 0 & 0 & 0 & 0 & \times & \times \\
\times & \times & \times & 0 & 0 & 0 & 0 & 0 & \times \\
0 & \times & \times & \times & 0 & 0 & 0 & 0 & 0 \\
0 & \times & \times & \times & \times & 0 & 0 & 0 & \times \\
0 & 0 & 0 & \times & \times & \times & 0 & 0 & \times \\
0 & 0 & 0 & 0 & \times & \times & \times & \times & \times \\
0 & 0 & 0 & 0 & 0 & \times & \times & \times & 0 \\
\times & 0 & 0 & 0 & 0 & \times & \times & \times & \times \\
\times & \times & 0 & \times & \times & \times & 0 & \times & \times \\
\end{bmatrix}
\tag{9.15}
$$

其中 ×表非零元素，可以看出堅固矩陣帶寬為 9。

以圖 9.10(b)的編碼，得到的整體堅固矩陣為，

$$\begin{bmatrix} \times & \times & \times & 0 & 0 & 0 & 0 & 0 & 0 \\ \times & \times & \times & \times & \times & 0 & 0 & 0 & 0 \\ \times & \times & \times & 0 & \times & \times & 0 & 0 & 0 \\ 0 & \times & 0 & \times & \times & 0 & \times & 0 & 0 \\ 0 & \times & \times & \times & \times & \times & \times & \times & 0 \\ 0 & 0 & \times & 0 & \times & \times & 0 & \times & 0 \\ 0 & 0 & 0 & \times & \times & 0 & \times & \times & \times \\ 0 & 0 & 0 & 0 & \times & \times & \times & \times & \times \\ 0 & 0 & 0 & 0 & 0 & 0 & \times & \times & \times \end{bmatrix} \tag{9.16}$$

其帶寬為 4。故帶寬從 9 減為 4，大大降低了儲存空間。

　　有關如何得到最佳的節點編碼，有興趣的讀者可以參考相關文獻，例如[2]。至於網格的產生方法，有許多相關文獻及程式可供參考[3]-[4]，本書不再作敘述。

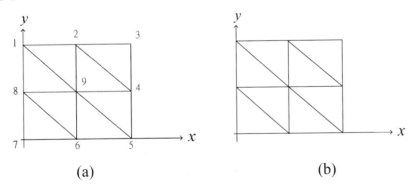

(a)　　　　　　　　　　　　(b)

圖 9.10　兩種不同的節點編碼

9.4　整體節點方程式的解析

有限元素法的處理器模組最後必須求解如式(4.7)、(4.24)及(5.16)等之方程式，以式(4.7)為例，若經最佳的節點編碼後，帶寬為 4，其堅固矩陣[K]為，

$$
\begin{bmatrix}
k_{11} & k_{12} & k_{13} & k_{14} & 0 & 0 & 0 & 0 & 0 \\
k_{21} & k_{22} & k_{23} & k_{24} & k_{25} & 0 & 0 & 0 & 0 \\
k_{31} & k_{32} & k_{33} & k_{34} & k_{35} & k_{36} & 0 & 0 & 0 \\
k_{41} & k_{42} & k_{43} & k_{44} & k_{45} & k_{46} & k_{47} & 0 & 0 \\
0 & k_{52} & k_{53} & k_{54} & k_{55} & k_{56} & k_{57} & k_{58} & 0 \\
0 & 0 & k_{63} & k_{64} & k_{65} & k_{66} & k_{67} & k_{68} & k_{69} \\
0 & 0 & 0 & k_{74} & k_{75} & k_{76} & k_{77} & k_{78} & k_{79} \\
0 & 0 & 0 & 0 & k_{85} & k_{86} & k_{87} & k_{88} & k_{89} \\
0 & 0 & 0 & 0 & 0 & k_{96} & k_{97} & k_{98} & k_{99}
\end{bmatrix}
\tag{9.17}
$$

[K]為 9×9 矩陣，如果全部儲存須 81 個空間。因[K]為對稱矩陣，且成帶狀，為了降低計算機的儲存空間，通常只儲存對角線以上各元素，儲存格式如下：

$$
\begin{bmatrix}
k_{11} & k_{22} & k_{33} & k_{44} & k_{55} & k_{66} & k_{77} & k_{88} & k_{99} \\
k_{12} & k_{23} & k_{34} & k_{45} & k_{56} & k_{67} & k_{78} & k_{89} & 0 \\
k_{13} & k_{24} & k_{35} & k_{46} & k_{57} & k_{68} & k_{79} & 0 & 0 \\
k_{14} & k_{25} & k_{36} & k_{47} & k_{58} & k_{69} & 0 & 0 & 0
\end{bmatrix}
\tag{9.18}
$$

此爲 9×4 矩陣，儲存僅須 36 個空間，比全部儲存可以節省一半以上的空間。

在此階段，式(4.7)等變成解聯立方程式，求解以前必須先代入已之的邊界條件。假設待解之聯立方程式如下：

$$\begin{bmatrix} a_{11} & a_{12} & a_{13} & a_{14} \\ a_{21} & a_{22} & a_{23} & a_{24} \\ a_{31} & a_{32} & a_{33} & a_{34} \\ a_{41} & a_{42} & a_{43} & a_{44} \end{bmatrix} \begin{bmatrix} x_1 \\ x_2 \\ x_3 \\ x_4 \end{bmatrix} = \begin{bmatrix} y_1 \\ y_2 \\ y_3 \\ y_4 \end{bmatrix} \tag{9.19}$$

若 $x_1 = \hat{x}_1$ 爲已知，代入式(9.19)，並化簡如下：

$$\begin{bmatrix} 1 & 0 & 0 & 0 \\ 0 & a_{22} & a_{23} & a_{24} \\ 0 & a_{32} & a_{33} & a_{34} \\ 0 & a_{42} & a_{43} & a_{44} \end{bmatrix} \begin{bmatrix} x_1 \\ x_2 \\ x_3 \\ x_4 \end{bmatrix} = \begin{bmatrix} \hat{x}_1 \\ y_2 - a_{21}\hat{x}_1 \\ y_3 - a_{31}\hat{x}_1 \\ y_4 - a_{41}\hat{x}_1 \end{bmatrix} = \begin{bmatrix} \hat{x}_1 \\ b_2 \\ b_3 \\ b_4 \end{bmatrix} \tag{9.20}$$

式(9.20)變成三元一次聯立方程式，一般可以使用(1)直接消去法及(2)反復疊代法求得 x_2、x_3 及 x_4。首先介紹直接消去法。

從第二行，x_2 爲，

$$x_2 = \left(b_2 - a_{23}x_3 - a_{24}x_4\right)/a_{22} \tag{9.21}$$

代入式(9.20)第三行及第四行，得到，

$$\left(a_{33} - a_{32}\frac{a_{23}}{a_{22}}\right)x_3 + \left(a_{34} - a_{32}\frac{a_{24}}{a_{22}}\right)x_4 = b_3 - a_{32}\frac{b_2}{a_{22}} \tag{9.22}$$

$$\left(a_{43} - a_{42}\frac{a_{23}}{a_{22}}\right)x_3 + \left(a_{44} - a_{42}\frac{a_{44}}{a_{22}}\right)x_4 = b_4 - a_{42}\frac{b_2}{a_{22}} \tag{9.23}$$

式(9.22)及(9.23)簡化成

$$a'_{33}x_3 + a'_{34}x_4 = b'_3 \tag{9.24}$$

$$a'_{43}x_3 + a'_{44}x_4 = b'_4 \tag{9.25}$$

如前之步驟，x_3 為，

$$x_3 = \left(b'_3 - a'_{34}x_4\right)/a'_{33} \tag{9.26}$$

代入式(9.25)，得到，

$$\left(a'_{44} - a'_{43}\frac{a'_{34}}{a'_{33}}\right)x_4 = b'_4 - a'_{43}\frac{b'_3}{a'_{33}} \tag{9.27}$$

上式簡化成

$$a''_{44}x_4 = b''_4 \tag{9.28}$$

從式(9.28)可以求得 $x_4 = b''_4/a''_{44}$。以上稱為高斯消去法，這個過程稱前進消去，再由 x_4 後退代入，分別求出 x_3 及 x_2。

其次介紹反復疊代法，以高斯-塞達法(Gauss-Seidel method)加以說明。

$$x_2 = \left(b_2 - a_{23}x_3 - a_{24}x_4\right)/a_{22} \tag{9.29}$$

$$x_3 = \left(b_3 - a_{32}x_2 - a_{34}x_4\right)/a_{33} \tag{9.30}$$

$$x_4 = \left(b_4 - a_{42}x_2 - a_{43}x_3\right)/a_{44} \tag{9.31}$$

第一次疊代先假設 x_2、x_3 及 x_4 之猜值，代入式(9.29)、(9.30)及(9.31)，並以上標(n)表示第 n 次疊代，得到第二次疊代之 x_2、x_3 及 x_4 的近似值，

$$x_2^{(2)} = \left(b_2 - a_{23}x_3^{(1)} - a_{24}x_4^{(1)}\right)/a_{22} \tag{9.32}$$

$$x_3^{(2)} = \left(b_3 - a_{32}x_2^{(2)} - a_{34}x_4^{(1)}\right)/a_{33} \tag{9.33}$$

$$x_4^{(2)} = \left(b_4 - a_{42}x_2^{(2)} - a_{43}x_3^{(2)}\right)/a_{44} \tag{9.34}$$

如此疊代，直到滿足以下之條件：

$$\sum_i \left|x_i^{(n)} - x_i^{(n-1)}\right| / \sum_i \left|x_i^{(n)}\right| \quad \langle\langle \quad 1 \tag{9.35}$$

9.5　*B-H*曲線表示法

對大部份的軟磁材料來說，例如鐵芯，因磁滯迴路很窄，故可忽略其效應，而只考慮其正常之激磁曲線，即 *B-H* 曲線，圖 9.11 為 *B-H* 曲線之一個典型的例子。磁場強度 $\vec{H}$ 與磁通密度 $\vec{B}$ 的關係為 $\mu = \vec{B} / \vec{H}$，其中 μ 為材料之導磁率，

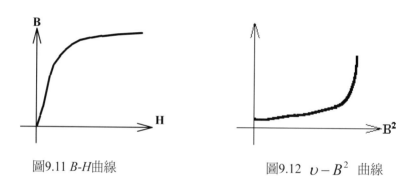

圖9.11 *B-H*曲線

圖9.12　$\upsilon - B^2$ 曲線

它是非線性的關係。如第四及第六章所述，在作有限元素法分析時，通常使用牛頓-拉佛森法來處理非線性的問題。

牛頓-拉佛森法中，通常不直接用 *B-H* 曲線，而以磁阻率 υ 對磁通密度 $|B|^2$，即 $\upsilon = f(B^2)$ 來解之，從而簡化數學之計算式，但如圖 9.12 $\upsilon - B^2$ 曲線的例子，$\upsilon = f(B^2)$ 必須具有連續性及可微分性。

文獻上有許多數值方法來近似 *B-H* 曲線或 $\upsilon - B^2$ 曲線，如區段線性數值近似法(Piece-wise linear approximations)即為一例，此法使用兩組

曲線，一組是磁阻率，另一組是它的微分。此法之缺點是除非兩組曲線至少均可一次微分，否則二次收斂之特性無法得到，同時收斂速度受磁阻率及其微分等兩組曲線之影響。目前均以較平滑之方式來表示曲線，亦即使用三次曲線函數(Cubic spline function)，本節將介紹三次函數及如何來模擬材料之磁導率。

　　若有一組點數據 $x_1 < x_2 < \cdots < x_k \cdots < x_n$，及其相對應之函數值 $f_1, f_2, \cdots, f_k, \cdots, f_n$。以三次函數來表示點數據每一區間之相對應之函數值的基本觀念是此函數值及其微分在每一區間均爲連續。

　　設函數 $y(x)$爲定義在區間$[x_1, x_n]$之三次函數，此函數有以下特性：

(1) $y(x_i) = f_i$，　$i = 1, 2, \ldots, n$。

(2) $y(x)$，$y'(x)$及 $y''(x)$在區間$[x_1, x_n]$爲連續。

(3) $y(x)$在區間$[x_i, x_{i+1}]$爲三次多項式。

(4)曲線(Spline)之形狀爲位能最小時得到，可以下式表示：

$$y''(x_1) = y''(x_n) = 0 \tag{9.36}$$

考慮第 k-th 區間$[x_k, x_{k+1}]$，因 $y(x)$爲三次多項式，顯然 $y''(x)$必須是線性，故可寫成

$$y''(x) = y''(x_k) + \frac{x - x_k}{L_k}[y''(x_{k+1}) - y''(x_k)] \tag{9.37}$$

其中 $L_k = x_{k+1} - x_k$。

將上式積分可以得到，

$$y'(x) = y'(x_k) + y''(x_k)(x - x_k) + \frac{y''(x_{k+1}) - y''(x_k)}{2L_k}(x - x_k)^2 \quad (9.38)$$

再積分一次並以 f_i 取代 $y(x_i)$ 可以得到，

$$y(x) = f_i + y'(x_k)(x - x_k) + y''(x_k)(x - x_k)^2 / 2$$

$$+ [y''(x_{k+1}) - y''(x_k)](x - x_k)^3 / (6L_k) \quad (9.39)$$

從式(9.39)可以得到任意 x 之三次曲線函數值，但必須先求得 $y'(x_k)$、$y''(x_k)$、$y''(x_{k+1})$。為得到這三個微分值，假設 $x = x_{k+1}$，並解 $y'(x_k)$ 如下：

$$y'(x_k) = (f_{k+1} - f_k) / L_k - y''(x_{k+1})L_k / 6 - y''(x_k)L_k / 3 \quad (9.40)$$

在式(9.40)中，以(k-1)取代 k，並令 $x = x_k$，得到

$$y'(x_k) = y'(x_{k-1}) - [y''(x_k) + y''(x_{k-1})]L_{k-1} / 2 \quad (9.41)$$

同樣，在式(9.40)中，以 (k-1) 取代 k 代入(9.37)中，得到

$$L_{k-1} y''(x_{k-1}) + 2(L_{k-1} + L_k) y''(x_k) + L_k y''(x_{k+1})$$

$$= 6[(f_{k+1} - f_k)/L_k - (f_k - f_{k-1})/L_{k-1}] \tag{9.42}$$

上式從 $i = 2, 3, ..., (n-1)$ 均成立。式(9.41)共有(n-2)個方程式，求解 (n-2)個未知數 y''_k，剩下兩個未知數 $y''(x_1)$ 與 $y''(x_n)$ 可特性(4)得到。當所 有未知數 y''_k 都得到以後，曲線函數即可由式(9.39)及式(9.41)求得。

應用以上之函數到 $\upsilon - B^2$，只要將變數 f 視為 υ、x 視為 B^2、y' 視為 $d\upsilon / dB^2$ 即可。

參考文獻

[1] S. R. H. Hoole, Computer-Aided Analysis and Design of Electromagnetic Devices, Elsevier Science Publishing Co., Inc., 1989.

[2] R. J. Collins, "Bandwidth Reduction by Automatic Renumbering," International Journal for Numerical Methods in Engineering, Vol. 6, pp. 345-356, 1973.

[3] O. C. Zienkiewicz, and D. V. Phillips, "An Automatic Mesh Generation Scheme for Plane and Curved surfaces by Isoparametric Co-ordinates," International Journal for Numerical Methods in Engineering, Vol. 3, pp. 519-528, 1971.

[4] S. W. Sloan, "A fast Algorithm for Constructing Delaunay Triangulations in the Plane," Advances in Engineering Software, Vol. 9, pp. 34-55, 1987.

CHAPTER 10

多極多相永磁無刷馬達

特性分析

　　本章將以一部多極多相永磁無刷馬達爲例[1]-[3]，推導含永磁材料之有限元素電磁場方程式，並說明如何結合外接線路方程式一起解析。

10.1 馬達結構與特點

　　本章所採用的馬達如圖 10.1 所示，是一部外轉式構造，整個結構由外而內包含轉子部份的外殼鐵心及磁極、氣隙及定子部份的鐵心及軸承等主要部分。轉子上的磁極使用鋤鐵硼 (N30) 永久磁石，固定在轉子外殼內部，徑向充磁，共有 22 極，每個極面爲 16.36 度。定子鐵心使用 50H1000 的矽鋼片堆疊而成，鐵心厚度為 48 mm，共有 20 槽。定子設計為五相，方波式，採用集中繞組，每相佔四槽，由兩組線圈串聯而成，每組線圈捲繞 3 匝，每匝使用線徑 18 根 φ0.8mm 的銅線捲繞而成。方波式永磁無刷馬達，具體有以下特點：

1、定子有二十槽十組線圈，每相有二組線圈接成串聯，若 A 相第一組線圈繞在第一槽(C1)及第二槽(C2)，則第二組線圈繞在第十一槽(C11)及第十二槽(C12)，如圖 10.1 所示，此單槽距的線圈設計可減少用銅量及銅損，且末端線匝較短，各相線圈間的耦合較小。圖 10.2 為五相繞組之接線圖，其中 R_a、R_b、R_c、L_a、L_b、L_c 分別為各相的電阻及電感。

2、轉子磁極設計為 22 極，主要是因為多極的磁路設計可減少軛鐵厚度，使馬達體積及重量因而降低。

3、定子槽數與轉子極數之組合，其最小公倍數甚大，即 110，如此可大大降低頓轉轉矩，使馬達之運轉更平穩。

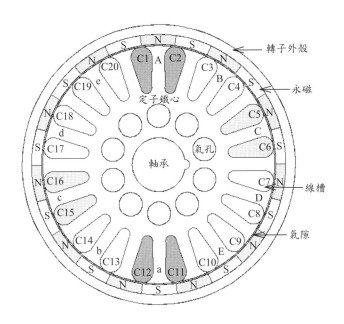

圖 10.1 馬達剖面圖

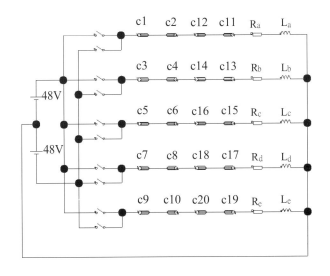

圖 10.2 五相繞組接線圖

10.2 運轉原理

　　圖 10.3 為五相繞組之電壓波形及彼此間的相位關係，每相每週期在正負方向各導通 144 度及截止 36 度，兩相間相位差為 36 度，由圖中可以看出任一時間有四相導通。

　　如圖 10.1 所示之位置，A 相磁極面正位於永磁 N 極下，處於非導通狀態，當轉子依順時鐘方向轉 18 度電氣度後，此時 B 磁極正位於永磁 N 極下，B 相變為非導通狀態，A 相則開始導通。每相繞組在半週期內導通 144 度及截止 36 度，兩相間相位移 36 度。如此可以保證在任何時刻，在 S 極下之所有槽內的導體電流流出紙面，在 N 極下之所有槽內的導體電流流入紙面。導通狀態與轉子位置感測器(Sensor)的回授訊號有關，感測器由固定在馬達框架上的光敏元件，及固定在轉軸上之鋸齒狀圓盤所組成。此訊號具有兩個功能：首先，可由轉子位置決定每個繞組上的導通狀態；其次，可提供一種速度回授訊號以作為控制器。

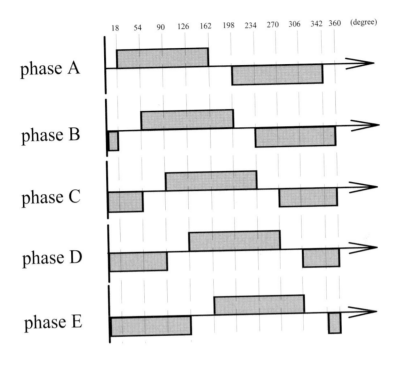

圖 10.3 五相繞組之電壓波形

10.3 有限元素法分析[4]

　　本節將介紹如何應用有限元素法，結合電磁場方程式及外接線路方程式，以加權剩餘法來代表電磁場之空間變化，以 Crank-Nicholson(C-N)時間積分法求出電壓、電流及電磁場之時變值，並以 Newton-Raphson(N-R)法求解非線性方程式。

10.3.1 含永磁材料之有限元素方程式

因馬達使用永久磁石為激磁場,故電磁場的支配方程式必須考慮永磁材料。對於二維問題,由式(7.7),將 $B = \nabla \times A$ 代入,可以得到含永磁材料之電磁場支配方程式,

$$\frac{\partial}{\partial x}\left(\upsilon \frac{\partial A}{\partial x}\right) + \frac{\partial}{\partial y}\left(\upsilon \frac{\partial A}{\partial y}\right) = -J_s - \left(\frac{\partial \upsilon \mu_0 M_y}{\partial x} - \frac{\partial \upsilon \mu_0 M_x}{\partial y}\right)$$

(10.1)

其中 A 為 z 方向磁向量位能,υ 為磁阻率,M_x 為磁石之磁化強度 M 在 x 方向之分量,M_y 為磁石之磁化強度 M 在 y 方向之分量,μ_0 為空氣的導磁係數。

J_s 為線圈導體區域中的電流密度,其表示如下:

$$J_s = \sigma\left(\frac{V_b}{\ell} - \frac{\partial A}{\partial t}\right)$$

(10.2)

其中 σ 為導電率,t 為時間,V_b 為導體兩端的電位差,ℓ 為電樞鐵心有效長度。

若以加權剩餘法推導有限元素方程式,首先假設 $\tilde{A}$ 為其近似解代

入(10.1)式，則與眞正解間之誤差 RES 爲：

$$RES = \frac{\partial}{\partial x}\left(\upsilon\frac{\partial \tilde{A}}{\partial x}\right) + \frac{\partial}{\partial y}\left(\upsilon\frac{\partial \tilde{A}}{\partial y}\right) + \sigma\left(\frac{V_b}{\ell} - \frac{\partial \tilde{A}}{\partial t}\right)$$

$$+ \left(\frac{\partial \upsilon\mu_0 M_y}{\partial x} - \frac{\partial \upsilon\mu_0 M_x}{\partial y}\right) \tag{10.3}$$

將(10.3)式乘以加權函數 W_i，並對解析領域 R 積分，令積分值爲零得到，

$$\iint\limits_R (W_i)(RES)dR = 0 \tag{10.4}$$

將(10.3)式代入(10.4)式，並利用 Green's 定理展開等號左側第一、二項得到，

$$\iint\limits_R \left(\upsilon\left(\frac{\partial W_i}{\partial x}\frac{\partial \tilde{A}}{\partial x} + \frac{\partial W_i}{\partial y}\frac{\partial \tilde{A}}{\partial y}\right) + W_i\sigma\left(\frac{V_b}{\ell} - \frac{\partial \tilde{A}}{\partial t}\right)\right.$$

$$\left. + W_i\left(\frac{\partial \upsilon\mu_0 M_y}{\partial x} - \frac{\partial \upsilon\mu_0 M_x}{\partial y}\right)\right)dR - \oint_S \upsilon W_i\left(\frac{\partial \tilde{A}}{\partial n}\right)dS = 0 \tag{10.5}$$

式中 n 爲垂直於邊界 S 之單位向量，此處令 $\partial\tilde{A}/\partial n = 0$。

將整個解析領域分割爲許多細小之三角元素，令三角形元素三個

頂點分別為 i、j 和 k，則元素內任一點的磁向量位能可以由下列式子表示：

$$\widetilde{A} = \sum_{i=1}^{3} N_i A_i(t) \tag{10.6}$$

其中 N_i 為形狀函數，A_i 為三角形元素頂點的向量磁位。

將(10.6)式代入(10.5)式再利用葛樂金法推導得到

$$[K]\{A(t)\} + [T]\left\{\frac{\partial A(t)}{\partial t}\right\} - [Q]\{V_b\} - \{P\} = \{0\} \tag{10.7}$$

其中

$$K_{e,ij} = \iint_e \upsilon\left(\frac{\partial N_i}{\partial x}\frac{\partial N_j}{\partial x} + \frac{\partial N_j}{\partial y}\frac{\partial N_j}{\partial y}\right)dxdy = \frac{\upsilon\left(b_i b_j + c_i c_j\right)}{4\Delta}$$

$$\tag{10.8}$$

$$T_{e,ij} = \iint_e \sigma N_i N_j dxdy = \frac{\sigma\Delta}{12}\left(1 + \delta_{ij}\right) \tag{10.9}$$

$$Q_{ei} = \iint_e \frac{\sigma}{\ell} N_i dxdy = \frac{\sigma\Delta}{3\ell} \tag{10.10}$$

$$P_{e,i} = \iint_e \upsilon\mu_0\left(M_y \frac{\partial N_i}{\partial x} - M_x \frac{\partial N_i}{\partial y} \right) = \frac{\upsilon\mu_0}{2}\left(M_y b_i - M_x c_i \right)$$

$$(10.11)$$

Δ 為元素面積，δ_{ij} 為 Kronecker's delta，$b = y_j - y_k$、$c = x_k - x_j$，

且

$\{A(t)\}$：$(n_d \times 1)$ 階之節點向量磁位

$\{V_b\}$：$(n_s \times 1)$ 階之導體兩端點電位差

$[K] \& [T]$：$(n_d \times n_d)$ 為對稱稀疏矩陣，當中的係數是由元素節點相

對位置形成

$[Q]$：$(n_d \times n_s)$ 階之磁力矩陣

$\{P\}$：$(n_d \times 1)$ 階之永磁磁力向量

n_d：有限元素區域總節點數

n_s：定子線圈總節點數

將(10.7)式利用 C-N 積分法推導得到，

$$\left([K] + \frac{2}{\Delta t}[T]\right)\{A\}^{t+\Delta t} - [Q]\{V_b\}^{t+\Delta t} = -\left([K] - \frac{2}{\Delta t}[T]\right)\{A\}^t$$

$$+[Q]\{V_b\}^t + \left(\{P\}^{t+\Delta t} + \{P\}^t\right) \tag{10.12}$$

將(10.12)式利用 N-R 法推導得到，

$$\left([J]^k + \frac{2}{\Delta t}[T]\right)\{\Delta A\}^k - [Q]\{\Delta V_b\} = -\left([K] + \frac{2}{\Delta t}[T]\right)\{A\}^k + [Q]\{V_b$$

$$-\left([K] - \frac{2}{\Delta t}[T]\right)\{A\}^t + [Q]\{V_b\}^t + \left(\{P\}^{t+\Delta t} + \{P\}^t\right) \tag{10.13}$$

其中 Δt 為一極小的時間區間，$[J]$ 為 Jacobian 矩陣，其定義如下：

$$[J] = [K] + \frac{2}{\Delta}\frac{\partial v}{\partial B^2}\left([S]\{A\}\right)\left([S]\{A\}\right)^T \tag{10.14}$$

上式與(4.17)式相同。

10.3.2　外接線路方程式

假設定子上的線圈係以截面積甚小的圓形漆包線所繞成，故線圈上無感應電流，亦即可以假設電流密度均勻分布，若 N 匝線圈之截面積為 S，每一匝線圈上的電流為 I，則定子線圈上的電流密度可以表示如下：

$$J_i = d_i \frac{NI}{S} \tag{10.15}$$

其中 $d_i = \pm 1$ 分別代表電流進出紙面的方向。

如果線圈某一相和外部線路連接，其端電壓為 V_t，電阻為 R_t，電感為 L_t，則由標準的電路方程式得到，

$$V_t = V_{ind} + R_t I + L_t \frac{dI}{dt} \tag{10.16}$$

線圈中的總感應電壓為：

$$V_{ind} = \sum d_i V_b \tag{10.17}$$

將各相導體區域內的所有元素，以(10.15)式來表示，得到，

$$-\{Q\}^T \left\{ \frac{\partial A}{\partial t} \right\} + \{Q\}^T \frac{1}{\ell} \{V_b\} - \frac{N}{\sigma S} \{Q\}^T \{d\} I = 0 \tag{10.18}$$

利用 C-N 積分法推導(10.18)式得到，

$$-\frac{2}{\Delta t} \{Q\}^T \{A\}^{t+\Delta t} + \{Q\}^T \frac{1}{\ell} \{V_b\}^{t+\Delta t} - \frac{N}{\sigma S} \{Q\}^T \{d\} I^{t+\Delta t}$$

$$= -\frac{2}{\Delta t} \{Q\}^T \{A\}^t - \{Q\}^T \frac{1}{\ell} \{V_b\}^t + \frac{N}{\sigma S} \{Q\}^T \{d\} I^t \tag{10.19}$$

利用 N-R 法推導(10.19)式得到，

$$-\frac{2}{\Delta t}\{Q\}^T\{A\}^{t+\Delta t} + \{Q\}^T\frac{1}{\ell}\{V_b\}^{t+\Delta t} - \frac{N}{\sigma S}\{Q\}^T\{d\}I^{t+\Delta t^k} -$$

$$= \frac{2}{\Delta t}\{Q\}^T\{A\}\{Q\}^T\frac{1}{\ell}\{V_b\}^k + \frac{N}{\sigma S}\{Q\}^T\{d\}I^k - \frac{2}{\Delta t}\{Q\}^T\{A\}^t I^t$$

$$-\{Q\}^T\frac{1}{\ell}\{V_b\}^t + \frac{N}{\sigma S}\{Q\}^T\{d\} \tag{10.20}$$

外接線路方程式可寫成

$$\{d_i\}^T\{V_b\} + R_t I + L_t\frac{dI}{dt} = V_t \tag{10.21}$$

將(10.21)式利用 C-N 積分法推導得到，

$$\{D\}^T\{V_b\}^{t+\Delta t} + \left(R_t + \frac{2}{\Delta t}L_t\right)I^{t+\Delta t} = 2V_t - \{D\}^T\{V_b\}^t - \left(R_t - \frac{2}{\Delta t}L_t\right)$$

$$\tag{10.22}$$

將(10.22)式利用 N-R 原理推導得到，

$$\{D\}^T\{\Delta V_b\}^k + \left(R_t + \frac{2}{\Delta t}L_t\right)\Delta I^k = 2V_t - \{D\}^T\{\Delta V_b\}^k - \left(R_t + \frac{2}{\Delta t}\right.$$

$$-\{D\}^T\{\Delta V_b\}^t - \left(R_t - \frac{2}{\Delta t}L_t\right)I^t \tag{10.23}$$

將(10.13)、(10.20)及(10.23)三式組合起來，便得到下列整體矩陣方程式

$$[H]\{\Delta X\}^k = [T]\{X\}^k + [W]\{X\}^t + \{F\} \qquad (10.24)$$

其中

$[H]$為此系統的甲可比矩陣組合；

$[T]$為(10.13)、(10.20)及(10.23)三式之前一次 N-R 疊代所產生的係數；

$[W]$為(10.13)、(10.20)及(10.23)三式之前一個時間區間的係數；

$\{X\} = \{\{A\}^T, \{V_b\}^T, I, \{V_t\}^T\}$；

$\{F\}$為所有的激勵向量；

$\{X\}^k$為$\{X\}$在時間為$t + \Delta t$時的第 k 次 N-R 疊代，其疊代表示式為

$\{X\}^{k+1} = \{X\}^k + \{\Delta X\}^k$。

10.4　開路反電勢計算

式(10.24)解析後，可以使用第八章的後處理公式計算能量、轉矩等，另外也可以計算開路電壓。

根據法拉第定律，一線圈之開路電壓或反電勢(Back-EMF)可計算如下，

$$e(\theta) = \frac{d\lambda}{dt} = \frac{\partial \lambda}{\partial \theta} \cdot \frac{\partial \theta}{\partial t} = \omega_m \frac{\Delta \lambda}{\Delta \theta}$$

(10.25)

其中 λ 為線圈之磁通交鏈 (Flux linkage) ，角速率 $\omega_m = \partial \theta / \partial t = 2\pi \times N / 60$ (徑/秒，rad/sec)，N 為轉速(每分鐘之轉數，rpm)，$\partial \lambda / \partial \theta \cong \Delta \lambda / \Delta \theta$ 為相對於轉子位置之磁通交鏈變化量。此處 $e(\theta)$ 是相對於轉子位置，而非以時間之反電勢的變化量，它也可用以計算相繞組之反電勢。

因 $\Delta \lambda / \Delta \theta$ 為相對於轉子位置之磁通交鏈變化量，故須要兩個不同轉子位置及其相對應之磁通交鏈解。對於欲計算通過某一特定線圈截面之磁通交鏈，最好的方法是：計算此線圈所在之定子槽齒兩端之磁向量位能差，即

$$\lambda = \left(A_L - A_R \right) \times T$$

(10.26)

其中 T 為鐵心之積厚，A_L 及 A_R 分別為槽齒左右端之磁向量位能如圖 10.4 所示。

另一個比較簡單的方法是在線圈兩端接一大電阻，譬如：1 MΩ，

然後變化轉子的位置，求取電阻兩端之電壓，即開路反電勢。

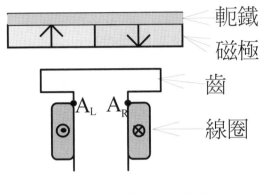

圖 10.4　磁通交鏈之計算

10.5　分析模型

　　假設馬達的磁力線皆被限制在馬達的外殼內，且忽略馬達的兩端效應，則可以使用二維的模型來分析馬達，分析的模型包括轉子外殼、永磁、氣隙、定子鐵心、線槽、及軸承等部分。此原型機是外轉式、方波、無刷直流馬達，採用 2×48 伏特直流電源，繞組採集中繞的方式，無載轉速爲 1800rpm。

　　圖 10.5 爲分割網格圖，計有 24880 個節點，49760 個三角元素。由圖可看出在氣隙與定子磁極的部分由於磁通變化量大，因此切割特別

的細密。分析領域的邊界條件是假設馬達外殼的磁向量位能 $A=0$。在材料方面，磁極採用強力永久磁石 N30，以徑向方式充磁。定子鐵心採用 50H1000 的矽鋼片堆疊而成，原型機的繞線部分則以外接線路模擬。

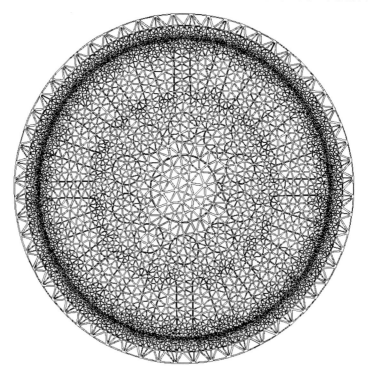

圖 10.5 馬達切割網格圖

10.6 分析結果

(甲)靜態電磁場分析

　　無載情況下，磁動勢是由徑向充磁的永久磁石所提供，所有繞組(C1-C20)的電流值皆為零，軸承的半圓正對 x 軸時設為零度，圖 10.6 為轉子轉動零度時的無載磁力線圖，圖中磁力線為對稱的狀態。因為定子與轉子的磁通經由氣隙相互交鏈，因此氣隙磁通量便顯得格外重要。圖 10.7 為垂直方向氣隙磁通分佈圖，從 0 度至 180 度的氣隙磁通分佈，最大氣隙磁通密度約為±0.6T。圖 10.8 為切線方向的氣隙磁通分佈圖，由圖中可知切線方向的磁通密度很小，可知馬達的頓轉轉矩也很小，經分析馬達的頓轉轉矩，最大值約為±0.06Nm，略低於馬達轉矩的 0.6%，如圖 10.9 所示。

　　無載電磁場分析可以計算出每相繞組的磁通量，轉子順時針轉動 θ 度電氣度，進行無載電磁場分析，計算每一相繞組的磁通量，重複上述步驟，可求得電氣度 0 至 2π 每相繞組的磁通量與磁通變化量，再根據(10.25)式即可求出 1800 rpm 時之反電勢，圖 10.10 為每相之反電勢，峰值約為 17 伏特。

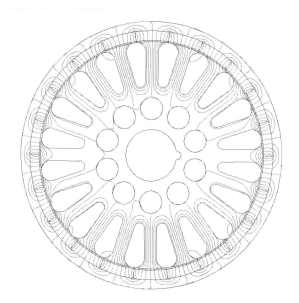

圖 10.6 無載磁力線分佈圖

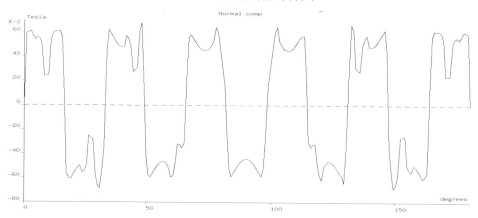

圖 10.7 氣隙垂直方向磁通分佈圖

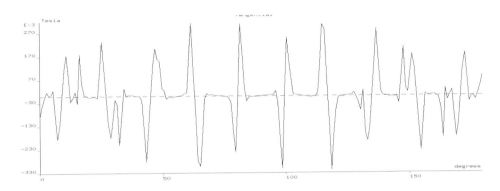

圖 10.8 氣隙切線方向磁通分佈圖

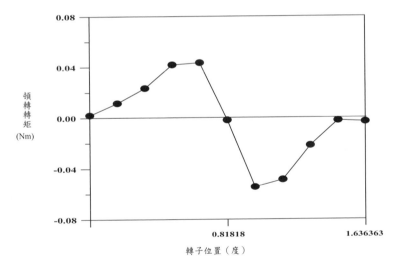

圖 10.9 頓轉轉矩圖

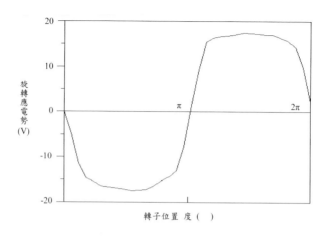

圖 10.10 在 1800rpm 時之反電勢波形

(乙) 動態電磁場分析

　　如圖 10.3 之電壓波形，外加 2×48 伏特直流電壓為輸入，並結合外接線路方程式，進行動態電磁場分析，結合外接線路可模擬馬達繞組兩端的繞線部分，使分析的結果更準確。圖 10.11(a)及(b)分別是馬達轉子轉動 1 度及轉動 4 度的磁力線分佈圖，由圖中可知在動態的情況下，因為電樞反應的影響磁力線呈現非對稱狀態。圖 10.11(a)中轉子角度為 1 度，由導通時間圖可知，此時 A 相繞組尚未導通，其電流值為零，圖 10.11(b)中轉子角度為 4 度，A 相繞組已導通而 B 相繞組之電流為零，其餘各相繞組均有電流。

　　馬達在旋轉 20 度時，轉矩即趨於穩定之狀況，圖 10.12 所示為馬達轉矩與轉子位置變化關係圖，從圖中可看出平均轉矩約為 9Nm。

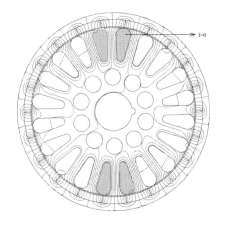
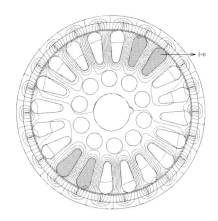

(a) 轉子轉動 1 度　　　　　　　　　(b) 轉子轉動 4 度

圖 10.11　磁力線分佈圖

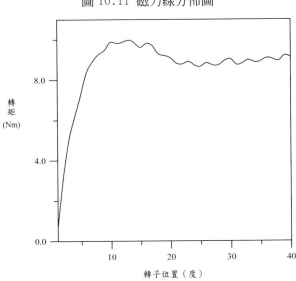

圖 10.12　馬達轉矩圖

參考文獻

[1]張景誌，「電動機車馬達之設計與分析」，逢甲大學電機系碩士論文，1999 年 6 月。

[2] C. C. Hwang and J. J. Chang, "Design and Analysis of a High Power Density and High Efficiency Permanent Magnet Motor," Journal of magnetism and Magnetic Materials, Vol. 209, pp.. 234-236, 2000.

[3] C. C. Chen, J. Z. Jiang, G. H. Chen, X. Y. Wang and K. T. Chau, "A Novel Polyphase Multipole Square-Wave Permanent Magnet Motor Drive for Electric Vehicles," IEEE Transactions on Industry Applications, Vol. 30, No. 5, pp. 1258-1266, Sep./Oct. 1994.

[4] S. J. Salon, Finite Element Analysis of Electrical Machines, Kluwer Academic Publishers, Boston, 1995.

CHAPTER 11

表面型永磁同步馬達

特性分析

　　本章將應用有限元素法分析表面型永磁同步馬達(Surface-mounted permanent magnet synchronous motor, SPMSM)[1]，主要是使用第十章所推導的電磁場方程式結合外接線路方程式一起解析。為利用對稱的優勢，本章將說明如何只以一對為分析模型來進行解析，計算各種參數，如轉矩、開路電動勢及直-交軸電抗等。

11.1 馬達規格[1]

　　圖 11.1 為本章所分析之表面型永磁同步馬達，其輸入電壓最大為

三相 320 V，最大輸出為 192 HP，額定轉速為 3600 rpm，轉子極數為 12 極，定子槽數為 72 槽。馬達繞組採用三相 Y 接，雙層疊繞，每極每相 2 槽，線圈節距採用分數節距並短接一槽，即線圈兩邊相距 4 槽。圖 11.2 為一對極之電樞繞組，其中無標負號者為電流流入之導體，有負號者為電流流出之導體，而實線代表該線圈位於定子槽的上層，虛線則表示位於槽的下層。

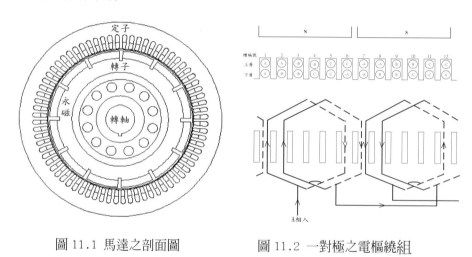

圖 11.1 馬達之剖面圖　　　　圖 11.2 一對極之電樞繞組

11.2 分析模型

　　由前節知道轉子極數為 12 極，定子槽數為 72 槽，依對稱法則，可以選取轉子的一對極，及定子的 12 槽作為分析模型，其中定子每相佔 4 槽，如圖 11.3 所示。如此便可節省儲存空間，並快速得到模擬的結果。但本例中如果定子槽數不是 6 的倍數，則無法採行。

在分析模型中，轉子分為五層，由氣隙往轉軸分別為銣鐵硼(NdFeB) N-36 永久磁石、M-19 鐵芯、其餘往內三層都為一般的鋼質材料，而定子鐵芯材料也採用 M-19，積厚為 70 mm。有關 NdFeB N-36 材料的特性曲線如圖 11.4 所示。

分析整個馬達時，在假設馬達外殼無漏磁的條件下，通常可以設定外殼 $A = 0$ 為邊界條件。因本分析使用整個馬達的六分之一為領域，其邊界條件的設定除了馬達外殼部份與分析整個馬達相同外，其餘部份就必須重新考量，其設定方法可以參考第九章，即在圖 11.3 中之 AB、CD、EF、GH 段等四個線段均設為週期（Cyclic）邊界條件，AD、FG 段等二個線段則設為固定（Dirichlet）邊界條件。因為只取馬達一對極來分析，所以其外接線路每相只有八個導體，而每相繞組並分別由三相電壓源連接，如圖 11.5 所示，其中 ⊙為 $320 \div \sqrt{2} \div 6\,\mathrm{V}$，電阻及電感符號代表繞組末端電阻及電感的值。

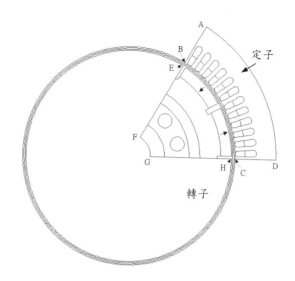

圖 11.3 一對極之電機模型

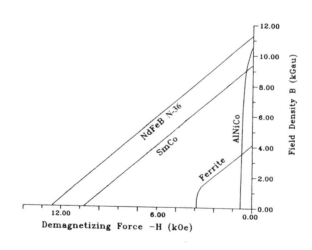

圖 11.4 NdFeB N-36 永久磁石特性曲線

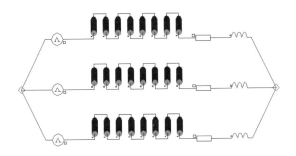

圖 11.5 一對極之外接線路

11.3 分析結果

使用靜磁場分析，可以得到馬達開路之磁力線分佈如圖 11.6 所示，氣隙磁通密度如圖 11.7 所示，及頓轉轉矩如圖 11.8 所示，從圖中可以看出平均氣隙磁通密度約為 0.6857T，頓轉轉矩最大值為 0.275N-m。

將外接線路開路，並將轉子以 3600rpm 的速度旋轉，可得到三相繞組的旋轉應電勢(EMF)，圖 11.9 為開路相電壓波形，由圖中可看出相電壓最大值 24.0859V，但因只分析整個馬達的六分之一模型，故馬達之線電壓有效值為 $24.0859 / \sqrt{2} \times 6 \times \sqrt{3} = 177$ V。

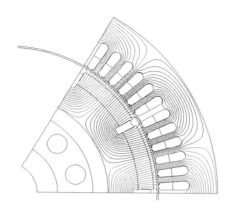

圖 11.6 磁力線分佈圖

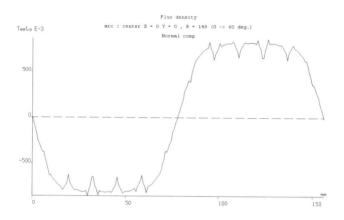

圖 11.7 氣隙磁通密度分佈

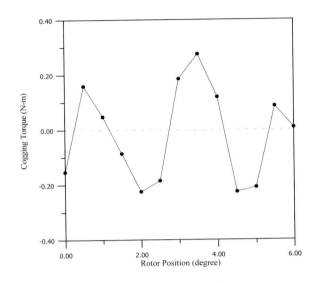

圖 11.8 頓轉轉矩波形

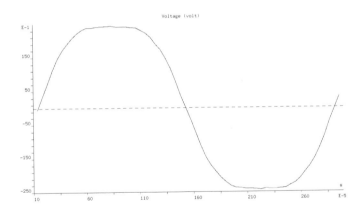

圖 11.9 開路相電壓波形

　　使用暫態磁場分析，在額定轉速下，馬達的轉矩最後收斂到
145N-m，如圖 11.10 所示，所以整個馬達的轉矩為 145 × 3 = 435 N-m，
而馬達之輸入電功率為 163.991kW。

　　為了測量直軸及交軸電感對負載電流的變化，將電源電流從 0A 加到額定電流 260A，得到圖 11.11 及 11.12。由圖可看出負載電流愈大，鐵心愈趨飽和，直軸和交軸電抗變化愈小。

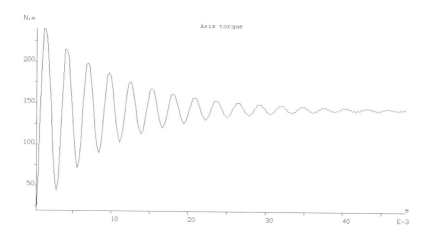

圖 11.10 穩態下轉矩波形

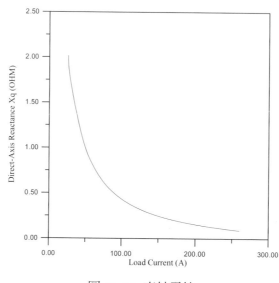

圖 11.11 直軸電抗

參考文獻

[1]卓源鴻，「表面附著型永磁同步馬達之設計與特性分析」，逢甲大學電機系碩士論文，2001 年 6 月。

CHAPTER 12

內藏型永磁同步馬達

特性分析

　　本章將應用有限元素法分析內藏型永磁同步馬達(Interior permanent magnet synchronous motor, IPMSM)，使用第十章所推導的電磁場方程式結合外接線路方程式一起解析。因此本章不再重複相關的理論部份，主要重點為如何應用有限元素法電磁場分析的結果計算直軸與橫軸電抗[1]。

12.1 馬達特徵

　　與表面型永磁同步馬達構造不同，內藏型永磁同步馬達是將磁石埋入轉子的鐵芯內，而產生其他型式馬達所沒有的凸極性(Saliency)，主要是因磁通通過直軸(d軸)與橫軸(q軸)磁路的差異，它們的磁路，除了各有兩個氣隙外，直軸之磁路尚包括兩個磁石厚度，因稀土類磁石如釹鐵硼(NdFeB)之導磁率幾乎與真空相似，故磁石的厚度無形中變成了直軸磁路的另兩個額外氣隙。因此，與傳統繞線式同步機不同，內藏型永磁同步機之直軸電抗比橫軸小，(參考圖 12.1)。另外，內藏型轉子的鐵芯使用許多單一矽鋼疊片(One-piece lamination)堆疊時在設計階段必須有折衷做法，磁極間連接部份之鐵芯稱橋部(Bridge)，必須夠寬才能承受轉子的離心力，使磁極不致脫落，但又必須窄到可以在磁路上被忽略，因為通過橋部的磁通為漏磁通，將影響氣隙磁通的大小[2]。

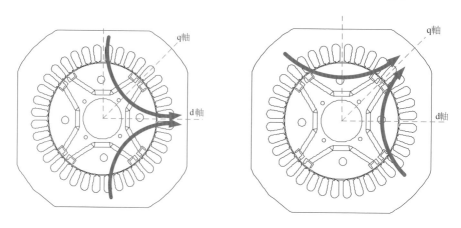

圖 12.1 內藏型之直軸與橫軸磁路示意圖

12.2　直軸與橫軸電抗之計算

永磁同步機的直軸與橫軸電抗分別為

$$X_d = X_l + X_{ad} = 2\pi f L_l + 2\pi f L_{ad} = 2\pi f (L_l + L_{ad}) = 2\pi f L_d$$

$$X_q = X_l + X_{aq} = 2\pi f L_l + 2\pi f L_{aq} = 2\pi f (L_l + L_{aq}) = 2\pi f L_q \tag{12.1}$$

上式中 $X_l = 2\pi f L_l$ 為定子漏電抗，$X_{ad} = 2\pi f L_{ad}$ 為直軸電樞反應電抗，也稱為直軸互電抗(mutual reactance)，$X_{aq} = 2\pi f L_{ad}$ 為橫軸電樞反應電抗，也稱為橫軸互電抗。X_{ad} 易受磁路飽和的影響，而 X_{aq} 受磁路飽和的影響則與轉子的構造有關。在永磁同步機通常 $X_d < X_q$。定子漏電抗 X_l 包含槽、繞組末端等部份所產生的漏電抗，X_l 通常不易求得，請參考文獻5。文獻上有許多計算 X_d 及 X_q 的方法，本節摘錄其中三種方法，提供讀者參考。

第一種方法是由武田洋次等所提出[3]。先利用圖 12.2 所示的穩態磁通向量圖，再依下列之步驟來求取 X_{ad} 及 X_{aq}：

(1)首先令定子端子開路，再從負載側驅動馬達以定速轉動，相當於發電機的行為，應用有限元素法計算 A 相線圈交鏈的磁通及 A 相的感應電壓的變化。

(2)其次，假設電流流入馬達，記錄電流 I_a 大小及其任意之相位 β，以計算電感。如(1)在馬達運轉下,計算與 A 相線圈交鏈的磁通及 A 相感應電壓的變化。

(3)算出(1)及(2)所得波形的基本波成分之有效值 ψ_{Aa}、ψ_{Ao} 及相位差 α (參考圖 12.2),感應電壓由(12.2)式算出

$$\psi_a = \frac{V_a}{2\pi f} \tag{12.2}$$

此處,Ψ_a 為交鏈磁通的有效值,V_a 為感應電壓的有效值,f 為頻率 (Hz)。

(4) 由(3)所得的數值,利用(12.3)~(12.8)式求出下列各值:

$$i_d = -I_a sin\beta \tag{12.3}$$

$$i_q = I_a cos\beta \tag{12.4}$$

$$\psi_a = \sqrt{3}\psi_{aa} \tag{12.5}$$

$$\psi_0 = \sqrt{3}\psi_{uo} \tag{12.6}$$

$$L_d = \frac{\psi_o cos\alpha - \psi_a}{i_d} \tag{12.7}$$

$$L_q = \frac{\psi_0 sin\alpha}{i_q} \tag{12.8}$$

通電流時感應電壓　　　　無電流時感應電壓

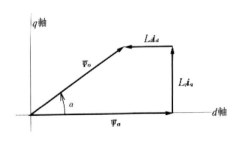
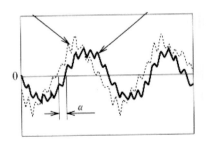

圖 12.2　穩態向量圖　　　　　　圖 12.3 A 相的感應電壓波形

因鐵芯的磁通密度通常較高，故 d 軸及 q 軸電感在靠近飽和區域有較低的傾向。因此，使用前述方法時，輸入實際負載電流之大小來求出 d 及 q 軸電感較妥。

第二種方法是所謂的負載法(Loading method)，由 Zhou 等所提出[4]。數學上，馬達的內電勢 E_0、X_d 及 X_q 可以表示如下：

$$E_0 = f_1\left(I_f, I_d, I_q\right)$$

$$X_d = f_2\left(I_f, I_d, I_q\right) \tag{12.9}$$

$$X_q = f_3\left(I_f, I_d, I_q\right)$$

上式中 I_f、I_d 及 I_q 分別為等效磁場電流、d 軸及 q 軸電流。式(12.9)顯示 E_0、X_d 及 X_q 受 I_f、I_d 及 I_q 的影響。

在 3.6 節提到二維座標之等向量磁位線代表磁力線，故在氣隙中 d 軸及 q 軸磁力線之基本成份可以將轉子外表上之向量磁位作富利業分析(Fourier analysis)，其餘弦項之係數 a_1 代表(單位深度)每極 q 軸基本成份磁通量之半，正弦項之係數 b_1 代表(單位深度)每極 d 軸基本成份磁通量之半，得到每極基本成份磁通量為

$$\phi_m = 2\ell\sqrt{a_1^2 + b_1^2} \tag{12.10}$$

上式中 ℓ 為氣隙之軸方向的長度。內轉矩角(Inner torque angle)為

$$\delta_i = tan^{-1}\left(\frac{b_1}{a_1}\right) \tag{12.11}$$

此磁通以同步速旋轉時將在每一相繞組產生應電勢如下：

$$E_i = 4.44f\phi_m N_{ph}k_s k_{w1} \tag{12.12}$$

上式中 k_{w1} 為繞組基本成份因素，k_s 為斜型槽因素，N_{ph} 為每相串聯匝數，ϕ_m 為每相磁通之峰值。參考圖 12.4 可以得到下式：

$$E_i \cos\delta_i = E_0 + I_d X_{ad} = E_0 + I_a \cos\beta X_{ad} \tag{12.13}$$

$$E_i \sin\delta_i = I_q X_{aq} = I_a \sin\beta X_{aq} \tag{12.14}$$

由式(12.14)可以得到，

$$X_{aq} = \frac{E_i \sin \delta_i}{I_a \sin \beta} \tag{12.14}$$

必須注意的是在不同的負載下電樞反應將改變磁路的飽和情況，當然也將改變內電勢 E_0。故除了式(12.13)外，尚須另外一個方程式以便於計算 E_0 及 X_{ad}。為此，將輸入相電流 I_a 作些微的改變，並再執行一次靜磁場分析，得到類似式(12.13)的方程式如下：

$$E_i' \cos \delta_i' = E_0 + I_a' \cos \beta' X_{ad} \tag{12.15}$$

同時解式(12.13)及式(12.15)得到新負載情況下的 E_0 及 X_{ad}，

$$X_{ad} = \frac{E_i \cos \delta_i - E_i' \cos \delta_i'}{I_a \cos \beta - I_a' \cos \beta'} \tag{12.16}$$

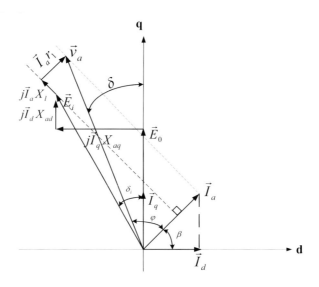

圖 12.4 馬達向量圖

$$E_0 = E_i \cos \delta_i - I_1 \cos \beta X_{ad} \tag{12.17}$$

執行整個操作範圍後，即可以得到。

第三種方法是由 Gieras 等所提出[5]。因氣隙磁通密度為週期函數之分佈，如圖 12.5 所示，可將磁通密度之函數以數學式來表示，其基本波關係式如下：

$$B_{mg1} = \frac{2}{\pi} \int_{-0.25\alpha\pi}^{0.25\alpha\pi} B_{mg} \cos x\, dx = \frac{4}{\pi} B_{mg} \sin \frac{\alpha\pi}{4} \tag{12.18}$$

$$B_{mg} = \frac{\mu_0 F_{exc}}{g k_c} \tag{12.19}$$

上式中，忽略了磁飽和效應，B_{mg} 爲最大氣隙磁通密度，F_{exc} 爲電樞繞組之激磁磁動勢，g 爲含有磁石之等效氣隙，K_c 爲卡特係數。α 爲有效極弧係數，定義氣隙磁通密度其垂直成分之平均值與最大值之比，其表示式如下：

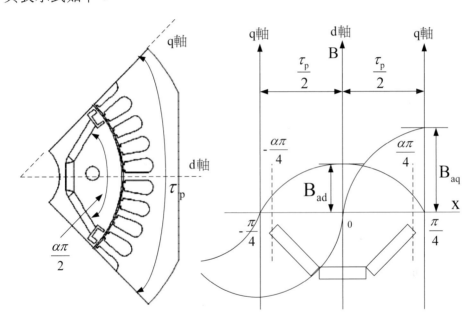

圖 12.5　直軸與橫軸氣隙磁通密度之分佈波形

$$\alpha = \frac{B_{avg}}{B_{mg}} \tag{12.20}$$

上式中，B_{avg} 爲平均氣隙磁通密度，假如氣隙磁通密度的分布爲正弦波的話，則 $\alpha = 2/\pi$。對於鐵芯材料爲強導磁性($\mu \to \infty$，μ 爲導磁率)與均勻之氣隙，鐵芯上之磁位降($H \cdot L = 0$，H 爲磁場強度、L 鐵芯長度)

為零時，則 α 係數表示為，

$$\alpha = \frac{b_p}{\tau_p} \tag{12.21}$$

b_p 為極距與磁石厚度之差值，τ_p 為一極之極距。

由式(12.18)，激磁場的形狀因素(Form factor)定義為氣隙磁通密度垂直成分之基本波值與最大值之比，即

$$k_f = \frac{B_{mg1}}{B_{mg}} = \frac{4}{\pi} sin \frac{\alpha\pi}{2} \tag{12.21}$$

對內藏型而言，電樞電抗之形狀因素定義分別為 d 軸形狀因素及 q 軸形狀因素，表示如下：

$$k_{fd} = \frac{B_{ad1}}{B_{ad}} \tag{12.22}$$

$$k_{fq} = \frac{B_{aq1}}{B_{aq}} \tag{12.23}$$

上式中，B_{ad1} 為 d 軸氣隙磁通密度之基本波峰值，B_{aq1} 為 q 軸氣隙磁通密度之基本波峰值，B_{ad} 為 d 軸氣隙磁通密度垂直成分之最大值，B_{aq} 為 q 軸氣隙磁通密度垂直成分之最大值，如圖 12.5 所示。

在(12.22)與(12.23)式中，B_{ad1} 及 B_{aq1} 可以由氣隙磁通密度之傅立葉級數來表示，其數學式如下：

$$B_{ad1} = \frac{4}{\pi} \int_0^{0.25\alpha\pi} B(x)\cos x dx \tag{12.24}$$

$$B_{aq1} = \frac{4}{\pi} \int_0^{0.25\alpha\pi} B(x)\sin x dx \tag{12.25}$$

由上式得知，必先求出磁通密度 $B(x)$ 之表示式，亦即應用有限元素求出磁通密度 $B(x)$ 後，再經傅立葉轉換，即可求解出 d 軸與 q 軸之磁通密度基本波最大值。

d 軸與 q 軸之電抗表示如下：

$$X_{ad} = k_{fd} X_{iad} \tag{12.26}$$

$$X_{aq} = k_{fq} X_{iaq} \tag{12.27}$$

上兩式中，X_{iad} 為 d 軸之感應電抗，X_{iaq} 為 q 軸之感應電抗，分別表示如下：

$$X_{iad} = 4m\mu_0 f \frac{(Nk_w)^2}{\pi p} \frac{\tau_p L_e}{g_d} \tag{12.28}$$

$$X_{iaq} = 4m\mu_0 f \frac{(Nk_w)^2}{\pi p} \frac{\tau_p L_e}{g_q} \tag{12.29}$$

上式中，m 為相數，μ_0 為自由空間之導磁率，f 為頻率，N 為每相定子之匝數，$K_w = K_d \times K_p$ 為定子之繞組因素，K_d 為分佈因素，K_p 為節距因素，p 為磁石之對極數，τ_p 為一極之極距(弧度)，L_e 為鐵芯之有效長度(需考慮堆疊因素)，g_d 為 d 軸之等效氣隙(需考慮磁石)，g_q 為 q 軸之等效氣隙(需考慮磁石端部延伸之空氣部份)，至於 d、q 軸之等效氣隙數學式，g_d 及 g_q 表示如下：

$$g_d = gk_c k_{satd} + \frac{h_M}{\mu_{rec}} \tag{12.30}$$

$$g_q = gk_c k_{satq} + \frac{h_M}{\mu_{rec}} \tag{12.31}$$

$$k_c = \frac{D_{sp}}{D_{sp} - \gamma_{sp}g} \tag{12.32}$$

$$k_{satd} = \frac{\dfrac{B_r}{B_{ad}} - 1}{\dfrac{\mu_{rec}g}{h_M}} \quad , \quad k_{satq} = \frac{\dfrac{B_r}{B_{aq}} - 1}{\dfrac{\mu_{rec}g}{h_M}} \tag{12.33}$$

$$\mu_{rec} = \frac{B_r}{\mu_0 H_c} \tag{12.34}$$

$$\gamma_{sp} = \frac{4}{\pi} \left[\frac{w_{so}}{2g} \, arctan\left(\frac{w_{so}}{2g} \right) - ln\sqrt{1 + \left(\frac{w_{so}}{2g} \right)^2} \right] \tag{12.35}$$

其中 k_{sat} 爲磁路之飽和因素，一般在表面型馬達其 $k_{satd} = k_{satq} \fallingdotseq 1$，內藏型馬達則是 k_{satd}，$k_{satq} \geqq 1$，可以由磁石剩磁通密度 B_r 之關係式求得。h_M 爲磁石磁化方向的厚度，μ_{rec} 爲磁石之回復導磁率，H_c 爲磁石之保磁力，D_{sp} 爲槽節距，g 爲氣隙長度，w_{so} 爲槽開口寬度，γ_{sp} 爲槽開口寬與氣隙長度之關係係數。

12.3 有限元素法之電抗計算

欲得到由 d 軸與 q 軸定子繞組激磁所產生的磁通，可以直接在槽的繞組加入電流。以圖 12.6 所示的分析領域爲例，可以分別在槽的繞組內分別加入大小不同電流，如表 12.1 所示，其中 i 表示輸入電流，以

產生所要的 d 軸與 q 軸磁通,以第四章所介紹的靜磁場有限元素方程式進行分析。d 軸與 q 軸磁場分佈如圖 12.7 所示。

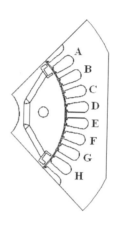

圖 12.6 馬達 1/4 分析領域

表 12.1 各個線圈之電流值

線圈	計算L_d之 線圈電流值	計算L_q之 線圈電流值
A	i	$i/2$
B	i	$i/2$
C	$i/2$	$i/2$
D	$i/2$	i
E	$-i/2$	i
F	$-i/2$	$i/2$
G	$-i$	$i/2$
H	$-i$	$i/2$

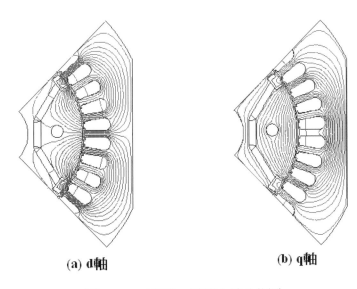

(a) d 軸　　　　　　　　(b) q 軸

圖 12.7　　d 軸與 q 軸磁力線分佈圖

　　經由輸入不同大小之電流後，得到 d 軸與 q 軸磁力線之分佈，再經第七章之後處理，計算氣隙磁通密度之最大值 B_{ad} 與 B_{aq}，與其基本波值 B_{ad1} 與 B_{aq1}，如圖 12.8(a)及(b)、及圖 12.9(a)及(b)所示，將值代入 (12.22)、(12.23)式計算出 d 軸與 q 軸之電抗因素 K_{fd} 與 K_{fq}。另外，由計算磁通密度之磁路模型參數尺寸，分別代入(12.26)~(12.35)式計算各個相關參數值，求出 d 軸與 q 軸之電感值。至於電流相位角可由轉子以逆時針轉動的角度來表示。

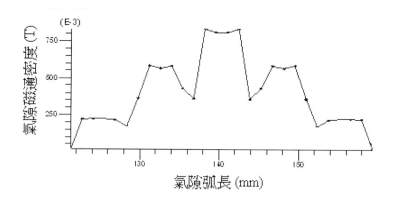

(a) 磁通密度分佈

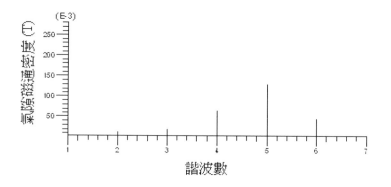

(b) 磁通密度之諧波分析

圖 12.8　d 軸之氣隙磁通密度分佈及諧波分析

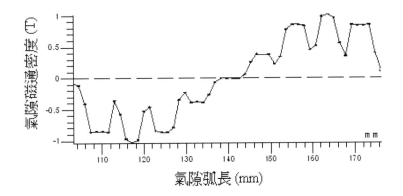

(a) 氣隙磁通密度分佈

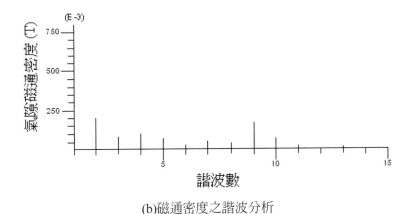

(b)磁通密度之諧波分析

圖 12.9　q 軸之氣隙磁通密度分佈及諧波分析

12-17

12.4 馬達規格

本章分析的對象為一台三相，4 極，36 槽，5 馬力，額定電壓為 156 V，額定電流為 20 A，額定轉速為 3600 rpm 之內藏型永磁同步馬達，其相關之規格尺寸如表 12.2 所示。

表 12.2 馬達之規格

參 數	符 號	數 值	參 數	符 號	數 值
定子內徑	D_{in}	90 mm	堆疊因素	SF	0.96
氣隙長度	l_g	0.65 mm	總電樞匝數	AT	108 安-匝
橋部寬度	l_b	1 mm	磁石剩磁	B_r	1.08 T
槽開口寬度	w_{so}	2 mm	磁石充磁長度	l_m	3.5 mm
鐵芯積厚	L_{stk}	65 mm	磁石回復導磁率	μ_r	1.0962

12.5 分析結果

由於作雙軸電感分析時，需注意橋部附近所受磁飽和效應的影響，故橋部及氣隙附近需加以分割成較細之網格，整個網格分割如圖 12.10(a)及(b)所示。在靜磁場分析及計算後，結果如表 12.3 所示。另外，也分析當幾何參數改變時，對馬達特性的影響，例如：(1)固定橋部寬度，改變氣隙長度；(2)固定氣隙長度，改變橋部寬度；(3)固定氣隙長度及橋部寬度，改變電流大小；(4)固定氣隙長度及橋部寬度，改變電流相位等；前兩項之計算結果如表 12.4 所示。圖 12.11 至圖 12.13 分別考慮改變電流大小或相位，及改變氣隙長度或橋部寬度之情況下對雙軸電感之影響。

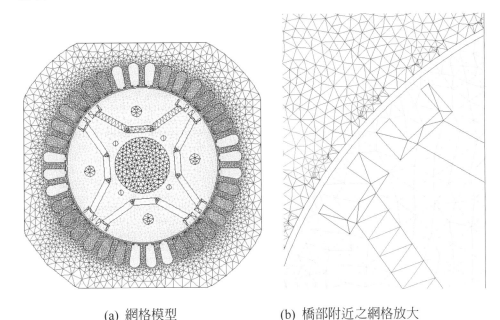

(a) 網格模型　　　　　　(b) 橋部附近之網格放大

圖 12.10 馬達網格圖

表 12.3 氣隙長度為 0.65 mm 及橋部寬度為 1 mm 計算後之結果

參 數	符號	數 值	參 數	符號	數值
磁石極距	τ_p	70.685 mm	d 軸電抗因素	k_{fd}	0.312
有效極弧係數	α	0.95	q 軸電抗因素	k_{fq}	0.740
槽節距	D_{sp}	7.854 mm	d 軸感應電抗	X_{iad}	1.455 ohm
槽隙係數	γ_{sp}	1.1755	q 軸感應電抗	X_{iaq}	1.305 ohm
卡特係數	k_c	1.1077	d 軸電抗	X_{ad}	0.4541 ohm
繞組因素	k_w	0.9577	q 軸電抗	X_{aq}	0.9298 ohm
d 軸飽和因素	k_{satd}	1.46	d 軸電感值	L_d	1.445 mH
q 軸飽和因素	k_{satq}	1.5	q 軸電感值	L_q	3.072 mH

表 12.4 不同氣隙長度與橋部寬度之雙軸感應電抗計算結果

氣隙長度	槽隙係數	卡特係數	d 軸感應電抗	q 軸感應電抗
0.35 mm	3.0780	1.1580	1.632 ohm	1.451ohm
0.45 mm	2.1136	1.1377	1.567 ohm	1.398 ohm
0.55 mm	1.5425	1.1210	1.508 ohm	1.350ohm
0.65 mm	1.1755	1.1077	1.455 ohm	1.305 ohm
0.75 mm	0.9240	1.0967	1.405ohm	1.264 ohm
橋部寬度	槽隙係數	卡特係數	d 軸感應電抗	q 軸感應電抗
1 mm	1.1755	1.1077	1.455 ohm	1.305ohm
2 mm	1.1755	1.1077	1.455 ohm	1.618 ohm
3 mm	1.1755	1.1077	1.455 ohm	2.126 ohm
4 mm	1.1755	1.1077	1.455 ohm	3.783 ohm

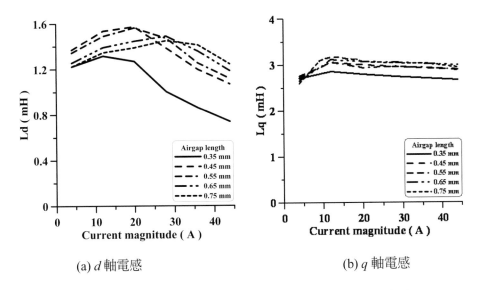

(a) *d* 軸電感　　　　　　　　　　　(b) *q* 軸電感

圖 12.11 改變電流大小對雙軸電感之影響(固定橋部寬度)

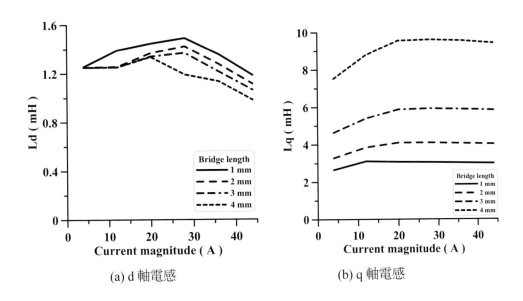

(a) d 軸電感　　　　　　　　　　　(b) q 軸電感

圖 12.12 改變電流大小對雙軸電感之影響(固定氣隙長度)

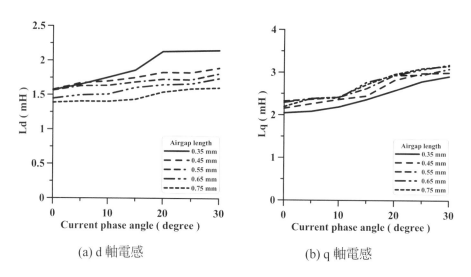

(a) d 軸電感   (b) q 軸電感

圖 12.13 改變電流相位角對雙軸電感之影響(固定橋部寬度)

參考文獻

[1]詹朝凱，「幾何參數與電流對內藏型永磁同步馬達雙軸電感之影響」，逢甲大學電機系碩士論文，2005 年 6 月。

[2] C. C. Hwang and Y. H. Cho, "Effects of Leakage Flux on Magnetic Fields of IPM Synchronous Motors," IEEE Transactions on Magnetics, Vol. 37, No. 4, pp. 3021-3024, July 2001.

[3] 武田洋次、松井信行、森本茂雄、本田幸夫，「埋込磁石同期モータの設計とと制御」，Ohmsha，January 2003。

[4] Ping Zhou, Field and Circuit Combined Analysis of Permanent Magnet Synchronous Motors, Ph.D. Thesis, Memorial University of Newfoundland, Canada, May 1994.

[5] J. F. Gieras and M. Wing, Permanent Magnet Motor Technology, Design and Applications, 2nd Edition, Marcel Dekker, Inc., New York, 2002.

CHAPTER 13

電纜架的載流量分析

本章將以電纜架(Cable trays)為例子,說明如何以有限元素法來計算電纜架的溫升與載流量,首先建立分析模型,再從二維穩態熱傳導支配微分方程式推導有限元素方程式,計算其載流量。

13.1 模型的建立

電纜架(Cable trays)是用來布設電纜及電線的裝置,從截面量度,寬度較大,深度較淺,以利電纜布設及散熱。電纜架底部有梯狀(Ladders)、柵狀(Trough)及密閉式等。電纜架上部分為無蓋(Open top cable tray)[1],[2],[6]及有蓋(Covered cable tray)[4],[7]等兩種,有蓋的電纜架對熱散逸較差,故其載流量比無蓋的電纜架要低,兩者間存在一減額定因素(Derating factor)[4],[7]。

電纜架的載流量與其周遭物之熱傳導率大小有絕對的關係。在電纜架中布設許多電線或電纜，其等效熱傳導率很難計算，國外有一些文獻採用 $0.25\,\mathrm{w-m^{-1}-^0C^{-1}}$ [1]-[4]，也有採用 0.50 至 $1.0\,\mathrm{w-m^{-1}-^0C^{-1}}$ [7]。嚴格來說，這樣的假設並不完全正確，同時也將影響結果的精確性。

本節擬採用梯式電纜架爲分析模型，電纜架的長爲 60.96 公分 (24")，寬爲 7.62 公分(3")，如圖 13.1 所示。爲方便分析而有以下假設：

1.電纜架系統爲無限長，故可以使用二維座標來分析。

2.所有電纜均勻填入電纜架內，熱傳導率爲定值，熱產生量爲均勻。

3.熱傳場已達穩態。

4.所有材料的熱傳導率爲定值。

5.電纜架系統周圍的空氣爲穩定的狀態。

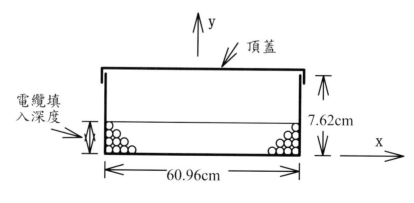

圖13.1 電纜架截面圖

13.2　穩態熱傳方程式

由以上之假設，其相關之二維穩態熱傳導支配微分方程式可寫成：

$$\frac{\partial}{\partial x}\left(k_x\frac{\partial T}{\partial x}\right)+\frac{\partial}{\partial y}\left(k_y\frac{\partial T}{\partial y}\right)+q=0 \text{ 在領域 } D \text{ 內} \tag{13.1}$$

$$k\frac{\partial T}{\partial x}=h(T-T_\infty) \text{ 在邊界 } S_1 \tag{13.2a}$$

$$k\frac{\partial T}{\partial x}=\sigma\varepsilon\left(T^4-T_\infty{}^4\right) \text{ 在邊界 } S_2 \tag{13.2b}$$

邊界 $S=S_1\cup S_2$。上式中 T 為溫度($^\circ$C)，q 為熱源(W/m^3)，k_x 及 k_y 分別為 x 及 y 方向之熱傳導率(W/m$^\circ$C)，h 為熱對流係數，k 為熱傳導率，而 $h(T-T_\infty)$ 為因熱對流所產生之熱損失，σ 為波次爾曼常數(Stefan-Boltzmann constant)，ε 為表面放射率(Surface emissivity)。為解析式(13.2b)，定義一輻射熱對流係數 $h_r(T)$ 為[8]：

$$h_r(T)=\sigma\varepsilon\left(T^2+T_\infty{}^2\right)\left(T+T_\infty\right) \tag{13.3}$$

故式(13.2b)可以表示如下：

$$k\frac{\partial T}{\partial x}=h_r(T-T_\infty) \tag{13.4}$$

13.3　有限元素方程式

　　爲推導式(13.1)、(13.2a)、及(13.4)之有限元素方程式，首先將解析領域 Ω 分割爲許多元素，則 T 在每一元素之變化可以寫成：

$$T^{(e)}(x,y) = \sum_{i=1}^{r} N_i(x,y)T_i = N\{T\}^{(e)} \tag{13.5}$$

其中 r 爲元素之節點數，T_i 爲節點溫度，$N_i(x,y)$ 爲形狀函數。使用葛樂金法得到，

$$\iint_{\Omega^{(e)}} N_i \left[\frac{\partial}{\partial x}\left(K_x \frac{\partial T^{(e)}}{\partial x} \right) + \frac{\partial}{\partial y}\left(K_y \frac{\partial T^{(e)}}{\partial y} \right) + q \right] dxdy = 0, \quad i = 1,2,...,r \tag{13.6}$$

　　積分左邊前兩項得，

$$-\iint_{\Omega^{(e)}} \left(K_x \frac{\partial T^{(e)}}{\partial x} \frac{\partial N_i}{\partial x} + K_y \frac{\partial T^{(e)}}{\partial y} \frac{\partial N_i}{\partial y} \right) dxdy + \iint_{\Omega^{(e)}} N_i q\,dxdy + \int_{\Gamma} k\frac{\partial T^{(e)}}{\partial n} N_i d\Gamma = 0$$

$$\tag{13.7}$$

　　將式(13.5)代入，且 $T^{(e)} = \lfloor N \rfloor \{T\}^{(e)}$，式(13.7)可以寫成：

$$\iint_{\Omega^{(e)}} \left(K_x \left\lfloor \frac{\partial N}{\partial x} \right\rfloor \{T\}^{(e)} \frac{\partial N_i}{\partial x} + K_y \left\lfloor \frac{\partial N}{\partial y} \right\rfloor \{T\}^{(e)} \frac{\partial N_i}{\partial y} \right) dxdy - \iint_{\Omega^{(e)}} N_i q\,dxdy + \int_{\Gamma_1} h \left(\lfloor N \rfloor \{T\}^{(e)} - T_\infty N_i \right) d\Gamma$$

$$+ \int_{\Gamma_2} h_r \left(\lfloor N \rfloor \{T\}^{(e)} - T_\infty N_i \right) d\Gamma = 0 \tag{13.8}$$

將上式寫成矩陣：

$$\left[K_c\right]^{(e)}\{T\}^{(e)} = \{Q\}^{(e)} - \left[K_h\right]^{(e)}\{T\}^{(e)} + \{q_h\}^{(e)} - \left[K_r\right]\{T\}^{(e)} + \{q_r\}^{(e)} \quad (13.9)$$

其中

$$K_{c_{ij}} = \iint\limits_{\Omega^{(e)}} \left(K_x \frac{\partial N_i}{\partial x}\frac{\partial N_j}{\partial x} + K_y \frac{\partial N_i}{\partial y}\frac{\partial N_j}{\partial y} \right) dxdy \qquad (13.10)$$

$$q_i = \iint\limits_{\Omega^{(e)}} qN_i dxdy \qquad (13.11)$$

$$K_{h_{ij}} = \int\limits_{\Gamma_1^{(e)}} hN_i N_j d\Gamma \qquad (13.12)$$

$$q_{h_i} = \int\limits_{\Gamma_1^{(e)}} hT_\infty N_i d\Gamma \qquad (13.13)$$

$$K_{r_{ij}} = \int\limits_{\Gamma_2^{(e)}} h_r N_i N_j d\Gamma \qquad (13.14)$$

$$q_{r_i} = \int\limits_{\Gamma_2^{(e)}} h_r T_\infty N_i d\Gamma \qquad (13.15)$$

13.4　牛頓拉弗森法解析非線性方程式

式(13.9)爲非線性方程式，本節使用牛頓拉弗森法來解析，其步驟如下：

1.第一次疊代，$n = 1$，令 $h_r^{(0)} = 0$。

2.將 $h_r^{(n)}$ 代入式(13.14)及(13.15)，求出 $K_{r_{ij}}$ 及 $q_{r_{ij}}$。

3.計算式(13.9)等整體元素矩陣。

4.解析式(13.9)，求出所有 T 值。

5.求 $h_r^{(n)} = \sigma\varepsilon\left(T_{av}^2 + T_\infty^2\right)\left(T_{av} + T_\infty\right)$。

6.若 $n > 1$，則測試是否收斂，即 $\left|\dfrac{h_r^{(n)} - h_r^{(n-1)}}{h_r^{(n-1)}}\right| \leq \delta_1$，且

$$\left|\{T\}^{(n)} - \{T\}^{(n-1)}\right| \leq \delta_2 \text{。}$$

其中 δ_1 及 δ_2 為指定之誤差值。若以上任一不等式不成立，則從步驟 2 再進行另一次疊代 $n = n + 1$。

13.5 熱傳參數計算

(甲)等效熱傳導率計算

在解析前節的有限元素方程式前，必須先求得式(13.1)之熱傳導率 k 及式(13.2a)之熱對流係數 h。本節將先討論如何計算熱傳導率。其實，

除電纜架中成束的導體外，其餘均爲單一熱傳導率，電纜架中成束的導

體包括銅或鋁導體、絕緣體、被覆及導體間之氣隙，每一圓形導體如圖

13.2(a)所示，占據一方形截面，其等效之方形模型如圖 13.2(b)所示，由

此可知 $a' = a\sqrt{\pi}$，$b' = b\sqrt{\pi}$ 及 $c' = c\sqrt{\pi}$。表 13.1 列出本分析所用各 XLP

絕緣電纜的尺寸[10]。等效熱傳導率計算如下：

$$K_{eq} = \frac{(K_m \times K_n) \times (m + n)}{K_m \times n + K_n \times m} \tag{13.16}$$

其中 k_m、k_n 分別爲厚度 m、n 之熱傳導率，本章所用材料之熱傳導

率列於表 13.2。電纜之等效熱傳導率列於表 13.3。

表13.1　圖13.2所示之電纜尺寸

電纜規格	a(mm)	b(mm)	c(mm)	a' (mm)	b' (mm)	c' (mm)
#8	1.98	3.12	3.50	3.5095	5.5301	6.2036
#6	2.60	3.74	4.50	4.6084	6.6290	7.9760
#2	4.10	5.24	6.00	7.2671	9.2877	10.635
2/0	5.46	6.86	8.00	9.6776	12.159	14.180

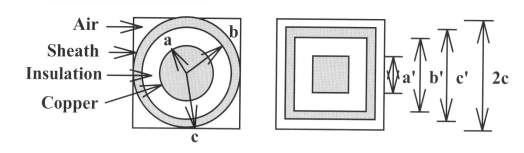

(a)   (b)

圖13.2   (a)電纜截面圖,(b)等效截面模型

表13.2   XLP絕緣電纜熱傳導率

材料	熱傳導率($w^0 c^{-1} m^{-1}$)
銅	386.0
絕緣層	0.2857
被覆層	35.0
空氣	0.028

表13.3   電纜之等效熱傳導率

電纜規格	$K_{eq}(w^0 c^{-1} m^{-1})$
#8	0.20800
#6	0.21814
#2	0.22796
2/0	0.23038

(乙) 熱對流係數計算

熱對流係數 h 是氣流、各種熱傳特性及系統構造等因素所決定之係數，故很不容易精確求得其大小。在熱傳的文獻中，通常將 h 以無單位之紐設特數(Nusselt number)Nu 來表示：

$$Nu = \frac{hw}{k} \tag{13.17}$$

其中 w 為流體之尺寸，k 為流體之熱傳導率。紐設特數亦可以兩個無單位數，即，葛拉斯厚數(Grashof number)Gr 及普蘭佗數(Prandtle number)Pr 來表示[9]：

$$Nu = A\left(Gr \times Pr\right)^{B} \tag{13.18}$$

其中 A 及 B 為常數。對電纜架之頂蓋面上方，$A = 0.54, B = 0.25$；對電纜架內電纜與頂蓋間，$A = 0.212, B = 0.25$；對電纜架之底部下方及兩外側 $A = 0.52, B = 0.25$。葛拉斯厚數(Grashof number)Gr 可計算如下：

$$Gr = \frac{g\beta(T - T_\infty)w^3}{\upsilon} \tag{13.19}$$

其中 g 為重力常數，β 為熱傳擴展係數(Thermal expansion coefficient)，T 為電纜架表面之溫度，T_∞ 為周圍溫度，υ 為流體之運動黏

度(Kinematic viscosity)。在本分析中，電纜在周圍溫度為40℃負載至90℃之載流量。以上各係數之值為： $\upsilon = 1.88 \times 10^{-5} m^2 s^{-1}$ ， $k = 0.028 W^0 C^{-1} m^{-1}$ ， $Pr = 0.7$ 。熱對流係數 h 之計算結果列於表 13.4。表面放射率 $\varepsilon = 0.8$ [3]。

表13.4　電纜架各部份之熱傳導係數

位置	熱傳導係數($W^0 c^{-1} m^{-2}$)	
頂蓋上方	3.1860	
電纜架內電纜上方與	2.5288	間隙 = 5.08cm (2-inch)
頂蓋之間隙	3.7174	間隙 = 3.81cm (1-1/2-inch)
	3.0072	間隙 = 2.54cm (1-inch)
電纜架底部下方	3.8143	
電纜架兩側外部	6.4149	

13.6　分析模型

本分析所用電纜架如圖 13.1 所示，為方便分析結果與國外文獻作比較，採用四種不同的美規 XLP 絕緣電纜，即，#8AWG、#6AWG、#2AWG及 2/0AWG。每次以一種絕緣電纜一層一層緊密填入電纜架內，控制電纜並不考慮在內。電纜產生之損失包括：銅或鋁導體損、介質損及被覆層損等。有限元素採用一階三角形元素。

13.7　分析結果

　　圖 13.3 為有限元素分析後所得到等溫度線的例子，圖 13.3(a)為無頂蓋(#8 14.09 安)，而圖 13.3(b)為有頂蓋(11.36 安)，兩例之電纜架均緊密填入五層#8AWG 電纜。

　　圖 13.4 比較四組電纜分別在有無頂蓋情況下之載流量，由此結果，可以推導減額定因素 DF，根據文獻[7]對 DF 所下的定義為：

$$DF = \frac{\text{有蓋最大載流量}}{\text{無蓋最大載流量}}$$

　　將四組結果以電纜填入深度對額定因素繪在同一圖上，如圖 13.5 所示，由此圖減額定因素可以寫成電纜填入深度 d(mm)之函數如下：

$$DF = 0.747 + 1.96 \times 10^{-3} d - 1.76 \times 10^{-5} d^2 + 2.63 \times 10^{-7} d^3$$

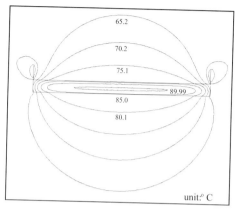 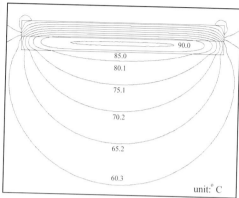

(a)無蓋　　　　　　　　　　　　(b)有蓋

圖13.3　等溫線圖

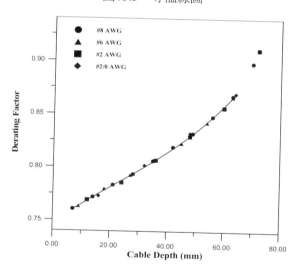

圖 13.5　減額定因素與電纜填入深度之關係

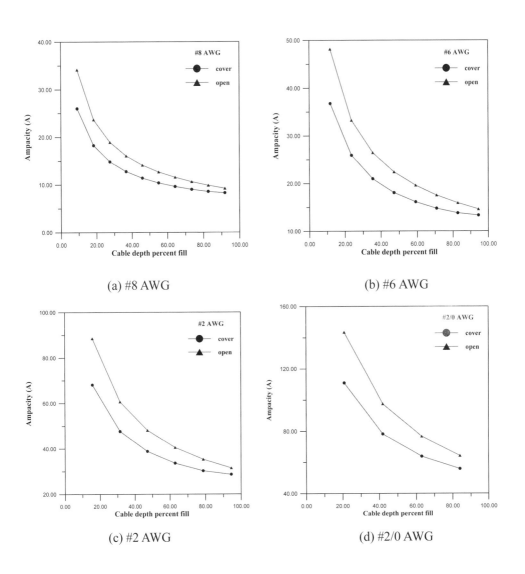

(a) #8 AWG

(b) #6 AWG

(c) #2 AWG

(d) #2/0 AWG

圖13.4　電纜填入深度對載流量之影響

　為與國外文獻[4]及[5]作比較，將以上結果列表如表 13.5 所示，其間之差異是因所用電纜尺寸及熱傳導率不同。

　為了瞭解當電纜負載具有參差性(Diversity)時，如何填入電纜最妥

13-13

當？本分析採用分層模型(Layered model)[7]。分層模型是將填入電纜架的
電纜分為：重載、中載及輕載等三層。將表 13.5 所計算之載流量之 60%、
40%及 20%分別歸類為重載、中載及輕載，以五層#8AWG 電纜為例來作
分析，表 13.6 為在四種不同情況下各層負載狀況及得到最高溫度。從圖
13.6 可以看出那一種電纜的填入法最理想。

表13.5 有無頂蓋電纜架之載流量比較

填入深度 (mm)	電纜規格	無頂蓋 (Amp) [5]	有頂蓋 (Amp) [4]	無頂蓋 (Amp)	有頂蓋 (Amp)
25.4	#8 AWG	20	14.4	17.12	13.52
	#6 AWG	29	20.8	27.76	21.84
	#2 AWG	65	45.8	59.19	46.61
	2/0 AWG	128	89	116.46	91.67
38.1	#8 AWG	16	11.1	13.46	10.92
	#6 AWG	23	16.3	21.74	17.61
	#2 AWG	51	36.1	46.78	37.90
	2/0 AWG	99	70.8	89.52	72.66
50.8	#8 AWG	13	9.5	11.29	9.44
	#6 AWG	19	14	18.27	15.26
	#2 AWG	42	30.8	39.3	32.82
	2/0 AWG	82	60.5	74.41	62.35

表13.6　各層負載情況

層別	情況1	情況2	情況3	情況4
e	L(輕載)	H(重載)	L	M
d	M(中載)	M	L	M
c	H	M	M	L
b	M	L	M	L
a	L	L	H	H
無頂蓋	85.66℃	81.72℃	85.36℃	81.75℃
有頂蓋	82.44℃	82.70℃	80.03℃	79.55℃

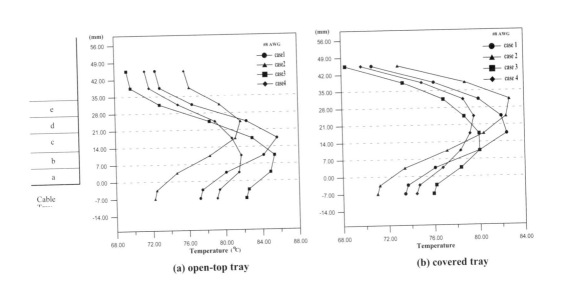

圖 13.6　電纜層負載對沿電纜架 Y 軸溫度之影響

參考文獻

[1]J. Stolpe, "Ampacities for cables in randomly filled cable trays," IEEE Trans. PAS-90 , vol.1, pp. 962-974, 1971.

[2].H. Lee, "Amapcities for multi-conductor cables in trays," IEEE Trans. PAS-91, vol. 3, pp. 1051-1056, 1972.

[3]C.W. Nemeth, G.B. Rackliffe, J.R. Legro, "Ampacities for cables in trays with firestops, " IEEE Trans. PAS-100, vol. 7, pp. 3573-3579, 1981.

[4]G. Engmann, "Ampacity of cable in covered tray, " IEEE Trans. PAS-103, vol. 2, pp. 345-352, 1984.

[5]ICEA/NEMA, Ampacities of cables in open-top cable tray, ICEA Publication No. p54-440; NEMA Publication No. WC51, 1986.

[6]B.L. Harshe, W.Z. Black, 'Ampacity of cables in single open-top cable trays," IEEE Trans. PD-9, vol. 4, pp. 1733-1740, 1994.

[7]B.L. Harshe, W.Z. Black, "Ampacity of cables in single covered trays," IEEE Trans. PD-12, vol.1, pp. 3-14, 1997.

[8]K.H. Huebner, E.A. Thornton, T.G. Byrom, The Finite Element Method for Engineers, Wiley, Chichester, 1995.

[9]J.P. Holman, Heat Transfer, McGraw-Hill, Singapore, 1989.

[10]Tai-Tien Electric Co., LTD., XLPE Power Cable Handbook, 1997.

[11]J.F. Imhoff, G. Meunier, J.C. Sabonnadiere, "Finite element modeling of open boundary problems," IEEE Trans. MAG-26, pp. 588-591, 1990.

[12] C. C. Hwang, J. J. Chang, and H. Y. Chen, "Calculation of ampacities for cables in trays using finite elements," Electric Power Systems Research, vol. 54, pp. 75-81, 2000.

CHAPTER 14

地下電纜之熱傳分析

電纜之載流量與其所使用之絕緣材料及埋設地點之環境有關,例如:纜溝尺寸、電纜埋深、回填土種類及周圍大氣溫度等因素。亦即電纜周圍環境的熱散逸好壞影響其容量之大小。

本章採用有限元素法來分析直埋式單線地下電纜之熱傳問題。首先,以電纜絕緣耐溫之上限為依據,求出該電纜系統之各節點溫度,再以熱流動率沿電纜之封閉路徑積分,求出電纜之可能最大熱輸入率,以此分析電纜周圍環境對其容量之影響[1]。

14.1 穩態熱傳方程式

圖 14.1 為一典型之直埋式單線地下電纜系統,其中包括電纜、纜

溝及回填土等，其二維地下電纜系統之穩態熱傳支配方程式可表為[2]：

$$\frac{\partial}{\partial x}\left(k_x \frac{\partial T}{\partial x}\right) + \frac{\partial}{\partial y}\left(k_y \frac{\partial T}{\partial y}\right) = -q \tag{14.1}$$

其中 q 為熱源(w/m)；T 表溫度(℃)；k_x 及 k_y 分別為材料於 x 及 y 方向之熱導係數(w/m℃)。在此分析中，邊界有固定邊界及自然邊界 ($\frac{\partial T}{\partial n} = 0$) 等兩種。空氣與地表相接之邊界 S，若設為對流邊界條件 (Convection boundary condition)，則此對流邊界條件如下式所示：

$$k \frac{\partial T}{\partial n} = h(T - T_\infty) \tag{14.2}$$

其中 h 為對流熱傳導係數($w/m^2℃$)，k 為空氣之熱導係數，T 為未知之溫度，T_∞ 為周圍之溫度，$\frac{\partial T}{\partial n}$ 為垂直於地表之溫度梯度。

以葛樂金加權剩餘法可推導得(14.1)式之有限元素方程式，得到

$$[K]\{T\} = \{Q\} \tag{14.3}$$

其中[K]為元素之熱導係數矩陣，$\{Q\}$ 為熱負載向量。

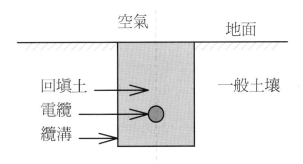

圖 14.1 直埋式地下電纜系統圖

14.2 分析模型

　　地下電纜之熱傳分析，若不是在確定電纜表面之溫度後，反求其熱輸入率(Heat input rate)，就是根據已知之熱輸入率值來計算電纜表面之溫度。本章分兩部份作分析，第一部份為單電纜系統(如圖 14.1 所示)，採用前者方式，即在假定電纜表面之溫度(90℃)後，再求取電纜所容許之熱輸入率；第二部份為三相電纜系統，如圖 14.3 所示，則採後者方式分析。

　　由以上兩種分析方法之條件，配合解二維穩態熱傳支配方程式(14.1)，即可以有限元素法求得各節點之溫度。

　　在第一部份中，各節點之溫度求出後，便可採用下述之計算方式來計算電纜之熱輸入率[6]。

由圖 14.1 可看出於通過電纜中心之垂直線之左右兩側呈對稱，故只需以其中之一側為分析之領域，如此可以節省計算機之記憶儲存容量，並加快計算之速度。在實用上，典型之纜溝深度為 1.22 公尺(4 英尺)、寬度為 0.61 公尺(2 英尺)，而電纜之直徑為 25.5 公厘、埋深為 0.915 公尺(3 英尺)，但為配合本分析之需要，將變化纜溝之幾何尺寸，以明瞭其對電纜載流量之影響。

根據文獻[4]的經驗，本分析領域如圖 14.2 所示，其半寬為 6.1 公尺(20 英尺)、深為 6.1 公尺(20 英尺)，共有四個邊界，其中有三個邊界為固定邊界條件，溫度定為 20°C；而電纜中心垂直線(除電纜外)為自然邊界條件。

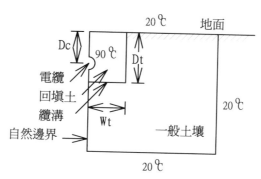

圖 14.2 直埋式地下電纜系統之分析模型圖

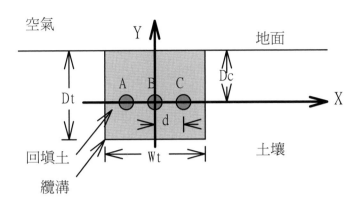

圖 14.3　直埋式三相地下電纜系統模型

14.3　熱輸入率計算

熱輸入率(W_0)之大小影響電纜表面之溫度，故可由已知之電纜溫度反求熱輸入率之值。熱輸入率可採用熱流動率(Heat flow rate)$\vec{q}$沿包圍電纜之封閉路徑 S 積分而得：

$$W_O = \oint_S \vec{q} \cdot d\vec{s} = \oint_S k \frac{\partial T}{\partial n_s} ds \tag{14.4}$$

其中單位體積之熱流動率$\vec{q}$可寫成：

$$\vec{q} = k\nabla T \tag{14.5}$$

此處 k 為 S 所在介質之熱導係數。

參考圖 14.4 及式(14.4)可用數值方法將其近似如下：

14-5

$$W_0 \cong \sum_{i=1}^{m} k_i \frac{T_{S2i} - T_{S1i}}{\Delta n_{Si}} \bullet \Delta S_i \tag{14.6}$$

其中 T_{S2i} 及 T_{S1i} 分別表第 i 段區域中 $S2i$ 及 $S1i$ 之平均溫度，ΔS_i 表第 i 段區域中 $S1$ 之弧長(路徑大小)，Δn_{Si} 表第 i 段區域內 $S1$ 與 $S2$ 間之微小增量。

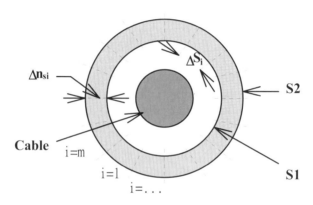

圖 14.4 熱輸入率計算圖

14.4 單電纜系統分析結果

纜溝之幾何尺寸及回填土之導熱率大小，均會影響電纜之熱散逸，亦即影響電纜之載流容量大小，因此將其個別分析討論。

以纜溝深度爲 1.22 公尺(4 英尺)、當纜溝半寬爲 0.61 公尺、電纜之埋深爲 0.915 公尺(3 英尺)爲基本模式。

(1)纜溝寬度對電纜熱輸入率之影響

　　將纜溝寬度由 0.61 公尺(2 英尺)逐漸增寬至 3.66 公尺(12 英尺)，每次增寬 0.61 公尺，同時變更不同的回填土材料，其結果如圖 14.5 所示。

　　由圖 14.5 可知，在同一回填土下，當纜溝寬度逐漸增大時，電纜之熱輸入率也跟著增大，但當溝寬愈大時，熱輸入率之增加量就愈趨於緩和。當溝寬大於 2.44 公尺(8 英尺)時，熱輸入率之變化就更加不明顯。以熱導率 $k = 2.00$w/m$^\mathrm{o}$C 之回填土爲例，溝寬從 0.61 公尺增至 1.22 公尺時，熱輸入率約增加 19.24%，但從 1.22 公尺增至 1.83 公尺時，僅增加 4.5%。

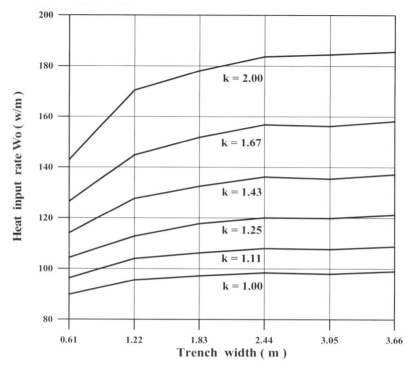

圖 14.5 纜溝寬度對熱輸入率之關係圖

(2)纜溝深度對電纜熱輸入率之影響

將纜溝深度由 1.22 公尺逐漸加深至 3.05 公尺(遞增深度為 0.61 公尺),同時變更回填土之熱導率大小,分析之結果如圖 14.6 所示。

由圖中可知,在電纜埋深不變之狀況下,當纜溝深度逐漸增加時,雖然熱輸入率會增加,但其影響並不太大。以熱導率 $k = 2.00$ w/m°C 之回填土為例,溝深從 1.22 公尺增至 3.05 公尺時,熱輸入率僅增加 5.19%,變化很小。

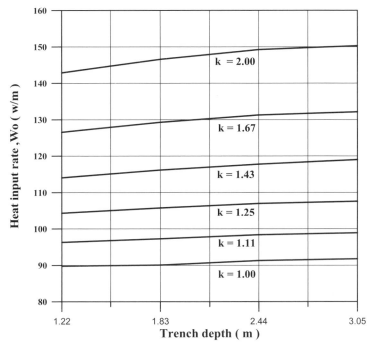

圖 14.6 纜溝深度對熱輸入率之關係圖

(3)纜溝寬度與深度均變化對熱輸入率之影響

當回填土之熱導係數為 2.0w/m℃時，將溝寬及溝深分別自 0.61 公尺變化至 3.66 公尺(遞增間隔為 0.61 公尺)及自 1.22 公尺變化至 3.05 公尺(加深間隔為 0.61 公尺)，所得結果如圖 14.7 及 14.8 所示。由圖中可知溝槽愈寬或深度愈深均可使熱輸入率增加，但變化深度所造成之影響不若變化寬度般明顯。

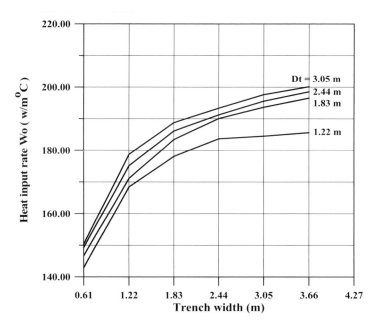

圖 14.7 纜溝寬度對熱輸入率之關係圖

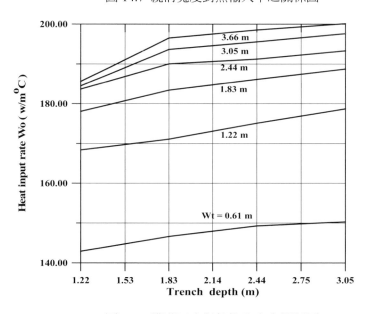

圖 14.8 纜溝深度對熱輸入率之關係圖

(4)電纜埋深對本身熱輸入率之影響

當纜溝之深度為 1.22 公尺(4 英尺)、寬度為 1.22 公尺(4 英尺)，回填土之熱導係數為 2.0 *w/m*℃時，將電纜埋設之深度由 0.305 公尺(1 英尺)逐漸加深至 1.0675 公尺(3.5 英尺)，每次增加之深度為 0.1525 公尺(0.5 英尺)，同時也將纜溝寬度由 0.61 公尺(2 英尺)逐漸增寬至 1.83 公尺(6 英尺)，則可得圖 14.9 之結果。

由圖 14.9 可知，當電纜所埋之深度逐漸加深時，電纜之熱輸入率約呈線性遞減。由此結果可知電纜埋得愈淺，散熱愈容易。

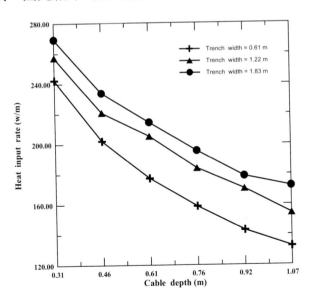

圖 14.9 電纜之埋深與熱輸入率之關係圖

14.5 三相電纜分析結果

　　三相電纜水平埋設時，三條電纜表面之溫度並不相等。因此，分析時不能如單相電纜般，先假定電纜表面之溫度，進而求其熱輸入率。三相電纜之熱輸入率可參考電纜製造商之製造資料計算出，再以此熱輸入率，求出電纜表面之溫度，並檢討該溫度是否在該電纜絕緣材料容許範圍以內。圖 14.3 所示，為一直埋式三相地下電纜系統，D_t 為纜溝深度，W_t 為纜溝寬度，D_c 為電纜之埋設深度，d 為電纜之間距大小。此分析領域以寬 12.2 公尺、深 6.1 公尺為邊界，邊界共有四個，其中有三個邊界為固定邊界條件，溫度定為 20℃；而地面之邊界為對流界面，其熱傳對流係數 h 之大小可以式(14.7)求出[4]：

$$h = 3.371 + 6.43v^{0.75} \tag{14.7}$$

　　上式中若速 v 為 2.236 m/s 時，則對流係數 h 之大小為 19.13w/m² ℃，其他相關數據如表 14.1 所示。

　　當三相電纜之熱輸入率分別同為 25 w/m、35 w/m 及 45 w/m 等三種情況下，可得下列結果：

表 14.1 三相地下電纜系統之相關資料

項 目	規 格	材 料	熱傳導係數 (w/m℃)
電纜直徑	0.0255公尺	回填土，k_1	1.00
纜溝深度(D_t)	1.220公尺(4英尺)	回填土，k_3	1.25
纜溝寬度(W_t)	1.220公尺(4英尺)	回填土，k_5	1.67
電纜埋深(D_c)	0.915公尺(3英尺)	回填土，k_7	2.00
電纜間隔(d)	0.200公尺	回填土，k_9	2.50
		一般土壤，k_m	0.67

(1)纜溝寬度對三相電纜表面溫度之影響

　　採用回填土 k_7，將纜溝寬度由 1.22 公尺變化至 3.05 公尺，分析電纜表面溫度之變化。其結果顯示，中間位置(B 相)電纜之溫度為最高，此乃相互熱效應(Mutal heating effect)所致，因而降低了電纜載流容量，中間電纜表面溫度之變化情形如圖 14.10 所示，由圖中也可看出纜溝寬度變化對中間電纜表面溫度之影響情形由圖中可知，隨著溝寬之加寬，電纜之表面溫度亦隨之降低，但溝寬超過 2.44 公尺(8 英尺)後，溫度變化就不大了。

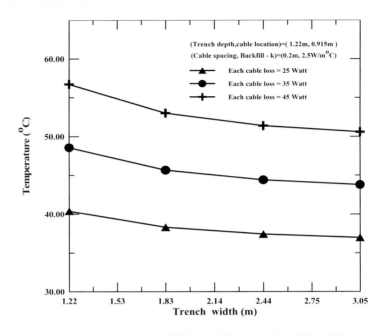

圖 14.10 溝寬與中間位置電纜之表面溫度間的關係

(2)纜溝深度對三相電纜表面溫度之影響

採用回填土 k_7，將纜溝深度由 1.22 公尺變化至 3.05 公尺(其他條件如表 14.1 所示)，其分析結果如圖 14.11 所示，是為溝深對中間位置電纜溫度之影響，此結果顯示出變化溝深對三相地下電纜之影響不大。

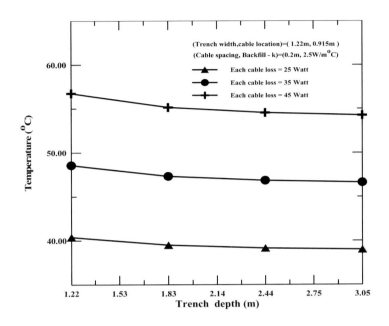

圖 14.11　溝深與中間位置電纜之表面溫度間的關係

(3)電纜埋深對三相電纜表面溫度之影響

將纜溝深度調整為 1.88 公尺，並採用回填土 k_7，再將電纜之埋深由 0.305 公尺逐漸加深至 1.22 公尺(其他條件如表 14.1 所示)，以分析之。

所得結果中，電纜埋深對中間位置(B 相)電纜之溫度影響，如圖 14.12 所示，此結果顯示：改變電纜埋深對電纜表面之溫度大小之影響很大，電纜埋得愈深，則電纜表面溫度上昇愈大；反之，愈淺則愈小，此乃電纜埋深後，熱散逸較為不良所致。

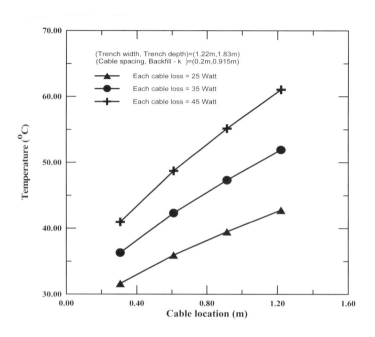

圖 14.12 電纜埋深對中間位置電纜之表面溫度間的關係

(4)電纜間隔對三相電纜表面溫度之影響

　　若三相電纜熱輸入率同為 45 w/m，並分別採用材料 k_1、k_3、k_5、k_7、k_9 的回填土，及兩種電纜間隔(0.2 公尺、0.3 公尺)(其他條件如表 14.1 所示)來分析。

　　分析結果中，中間位置(B 相)之電纜溫度，如圖 14.13 所示。由結果可知，回填土熱導係數小時，電纜間距之大小對電纜表面之溫度所具有影響較大；回填土熱導係大時，則影響很小。例：C 相電纜，在電纜間距由 0.2 公尺改為 0.3 公尺時，若回填土熱導係數為 1.00 $w/m℃$，則可降低電纜溫度 5.86℃；若回填土熱導係數為 5.00 $w/m℃$，則僅降低電纜溫度 0.97℃。由此可知，回填土材料所具之影響很大。

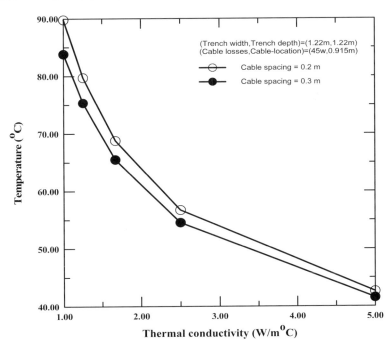

圖 14.13　熱導係數與中間位置電纜之表面溫度間的關係

(5)回填土對三相電纜表面溫度之影響

分別採用材料 k_1、k_3、k_5、k_7、k_9 的回填土(其他條件如表 14.1 所示)，以分析不同回填土材料對三相電纜表面溫度之影響。

所得結果中，中間位置(B 相)之電纜表面溫度，如圖 14.14 所示。由結果可知，隨著回填土材料熱導率之增加，電纜表面之溫度也跟著下降。當回填土之熱導率由 1.00 w/m℃ 逐漸增大後，可發現電纜之表面溫度快速下降，但由曲線彎曲情形可發現其關係並非正比。由圖中可發

14-17

現，回填土之熱導率愈大，則每增加 1 單位熱導率(1 $w/m°C$)所降低之電

纜表面溫度就愈小。

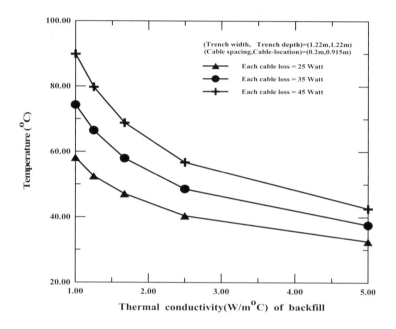

圖 14.14 回填土熱導率與中間位置電纜之表面溫度間的關係

參考文獻

[1]江奕旋，「應用有限元素法計算地下電力電纜系統之載流量與溫度分佈」，逢甲大學電機系碩士論文，1996 年 6 月。

[2]　J. H. Neher and M. H. McGrath, "The calculation of temperature rise and load capacity of cable systems," AIEE Trans.,Vol. 76, Part 3, pp. 752-772, Oct., 1957.

[3]M. A. Hanna A. Y. Chikhani and M. M. A. Salama, "Thermal analysis of power cables in multilayered soil, part 2: Practical considerations," IEEE Trans. on Power Delivery, Vol. 8, No. 3, pp. 772- 778, July, 1993.

[4]James K. Mitchell and Omar N. Abdel-Hadi, "Temperature distributions around buried cables," IEEE Trans. on Power Apparatus and systems, Vol. PAS-98, No. 4, pp. 1158-1166, July/Aug. 1979.

[5]M. A. Kellow, "A numerical procedure for the calculation of the temperature rise and ampacity of underground cables," IEEE Trans. on Power Apparatus and systems, Vol. PAS-100, No. 7, pp. 3322-3330. July, 1981.

[6]M. A. El-Kady, J. Motlis, G. A. Anders and D. J. Horrocks, "Modified Values for Geometric Factor of External Thermal Resistance of Cables in Duct Banks," IEEE Trans. on Power Delivery, Vol. 3, No. 4, pp. 1303-1309, October 1988.

CHAPTER 15

乾式變壓器之熱傳分析

　　本章將介紹如何建立三維乾式高頻變壓器的熱傳模型[1],[2]，再作有限元素之熱傳分析，對各項熱傳參數的計算也提出討論。

15.1 三維熱傳有限元素支配方程式[3]

　　定義於領域Ω之三維熱傳支配方程式如下：

$$\frac{\partial}{\partial x}\left(k_x\frac{\partial T}{\partial x})\right)+\frac{\partial}{\partial y}\left(k_y\frac{\partial T}{\partial y}\right)+\frac{\partial}{\partial z}\left(k_z\frac{\partial T}{\partial z}\right)+Q=\rho c\frac{\partial T}{\partial t} \qquad (15.1)$$

及邊界條件如下：

$$T=\overline{T} \qquad 在邊界\Gamma_1上 \qquad (15.2a)$$

$$k\frac{\partial T}{\partial n} + h(T - T_\infty) = 0 \qquad 在邊界\Gamma_2上 \qquad (15.2b)$$

其中 $\Gamma = \Gamma_1 + \Gamma_2$ 為邊界，T 為溫度，Q 為熱源，ρ 為材料密度，c 為比熱，t 為時間，k_x、k_y、k_z 分別為 x、y、及 z 方向之熱傳導率，h 為熱傳導係數，T_∞為熱對流交換溫度，k 為空氣之熱傳率，n 為垂直於邊界之單位向量。起始條件如下：

$$T(x,y,z,0) = T_0(x,y,z) \qquad (15.3)$$

15.2 有限元素方程式推導

本章還是使用加權剩餘法來推導有限元素方程式，首先將近似解$\hat{T}$代入式(15.1)，因$\hat{T} \neq T$ 而產生一誤差，將此誤差乘以加權函數 W_i，並對解析領域Ω積分，令積分值為零得到，

$$\int_\Omega \left[\left(k_x \frac{\partial W_i}{\partial x} \frac{\partial \hat{T}}{\partial x} \right) + \left(k_y \frac{\partial W_i}{\partial y} \frac{\partial \hat{T}}{\partial y} \right) + \left(k_z \frac{\partial W_i}{\partial z} \frac{\partial \hat{T}}{\partial z} \right) \right] d\Omega - \int_\Omega W_i Q d\Omega$$

$$+ \int_\Omega W_i \rho c \frac{\partial \hat{T}}{\partial t} d\Omega - \int_{\Gamma_2} W_i \left(k_x \frac{\partial \hat{T}}{\partial x} n_x + k_y \frac{\partial \hat{T}}{\partial y} n_y + k_z \frac{\partial \hat{T}}{\partial z} n_z \right) d\Gamma = 0. (15.4)$$

將整個三維解析領域分割成許多具有四個節點的三角錐元素(four-noded tetrahedral elements)，令四個頂點分別為 i、j、k 和 m，則元

素內任一點的溫度可以由下式表示：

$$\hat{T}(t) = \sum_{i=1}^{4} N_i(x,y,z) T_i(t) \tag{15.5}$$

其中形狀函數為

$$N_i = \frac{1}{6V}(a_i + b_i x + c_i y + d_i z) \tag{15.6}$$

上式中 V 為三角錐元素的體積，且

$$a_i = \begin{vmatrix} x_j & y_j & z_j \\ x_k & y_k & z_k \\ x_m & y_m & z_m \end{vmatrix}, \quad b_i = -\begin{vmatrix} 1 & y_j & z_j \\ 1 & y_k & z_k \\ 1 & y_m & z_m \end{vmatrix}, \quad c_i = \begin{vmatrix} 1 & x_j & y_j \\ 1 & x_k & y_k \\ 1 & x_m & y_m \end{vmatrix},$$

$$d_i = -\begin{vmatrix} 1 & x_j & z_j \\ 1 & x_k & z_k \\ 1 & x_m & z_m \end{vmatrix} \tag{15.7}$$

其餘係數依 i、j、k 和 m 之順序可以得到。

將(15.5)式代入（15.4）式，再利用葛樂金法令加權函數 W_i 等於為形狀函數 N_i 得到，

$$\int_{\Omega} \left(k_x \frac{\partial N_i}{\partial x} \frac{\partial \sum_{j=1}^{4} N_j T_j}{\partial x} + k_x \frac{\partial N_i}{\partial x} \frac{\partial \sum_{j=1}^{4} N_j T_j}{\partial x} + k_x \frac{\partial N_i}{\partial x} \frac{\partial \sum_{j=1}^{4} N_j T_j}{\partial x} \right) d\Omega$$

$$-\int_{\Omega} N_i Q d\Omega + \int_{\Omega} N_i \rho c \frac{\partial \sum_{j=1}^{4} N_j T_j}{\partial t} d\Omega - \int N_i h \left(\sum_{j=1}^{4} N_j T_j - T_\infty \right) d\Gamma = 0$$

(15.8)

上式中除了最後一項與邊界有關的積分項外，其餘各項可以寫成，

$$[K]\{T\} + [C]\{\dot{T}\} - \{F\} = \{0\}$$

(15.9)

其中 $\dot{T} = dT / dt$ ，而元素之堅固矩陣[K]為

$$K_{ij} = \frac{1}{36V} \left(k_x b_i b_j + k_y c_i c_j + k_z d_i d_j \right)$$

(15.10)

元素之質量矩陣(Mass matrix) [C]

$$C_{ij} = \frac{1}{20} \rho c V \left(1 + \delta_{ij} \right)$$

(15.11)

δ_{ij} 為 Kronecker's delta，且驅動向量{F}為

$$F_i = \frac{QV}{4}$$ (15.12)

最後計算邊界積分項，對某一位於邊界頂點為 i、j、k 和 m 之三角錐元素，假設對流邊界面存在於 i、j、k 面，同時 h 與 T_∞ 在該面上假設為定值，則此邊界積分可寫成

$$\int_{\Gamma} N_i h \left(\sum_{j=1}^{3} N_j T_j - T_\infty \right) d\Gamma = \frac{h\Delta}{12} \begin{bmatrix} 2 & 1 & 1 \\ 1 & 2 & 1 \\ 1 & 1 & 1 \end{bmatrix} \begin{bmatrix} T_i \\ T_j \\ T_k \end{bmatrix} - \frac{h\Delta T_\infty}{3} \begin{bmatrix} 1 \\ 1 \\ 1 \end{bmatrix} \qquad (5.13)$$

其中 Δ 為該邊界面之面積，右邊第一項必須加到相關元素之堅固矩陣[K]，而右邊第二項加到相關元素之驅動向量{F}。

式(15.9)含有時間微分項，本章仍 使用有限差分法來解析，得到以下之通式，

$$\left(C + \alpha \Delta t K \right) T^{n-1} = \left[C - \left(1 - \alpha \right) \Delta t K \right] T^n + \Delta t \left[\left(1 - \alpha \right) F^{n+1} + \alpha F^n \right]$$

$$(15.14)$$

其中 n 及 $n+1$ 為本次及下一次時間間隔。而 α 代表

(a)　$\alpha = 0$，前進差分法

(b)　$\alpha = 1/2$，中央差分法(Crank-Nicholson method)

(c)　$\alpha = 2/3$，葛樂金法(Galerkin method)

(d)　$\alpha = 1$，後退差分法。

一般以選用中央差分法或葛樂金法較多。

15-5

15.3 變壓器構造

如圖 15.1 所示的變壓器為 1-kW，45~55V/1000-VDC，輸入頻率為 100-kHz，匝數比為 9:180 (step up)。圖 15.2 及 15.3 顯示各部份的構造，包括鐵芯(ferrite)、 絕緣、低壓繞組(LV)及高壓繞組(HV)等。每一低壓繞組包含九匝銅箔(0.15-mm×33-mm)，與鐵芯間隔一層絕緣(Kapton, 0.127-mm×33-mm)繞於其上，如圖 15.2 所示。每一高壓繞組層包含 30 匝 61-蕊銅線(0.471- mm² 截面積)，層與層間以一絕緣層間隔，銅線及絕緣均有三層，另外與低壓繞組間也有一絕緣層(0.5-mm×40-mm)間隔 如圖 15.3 所示。

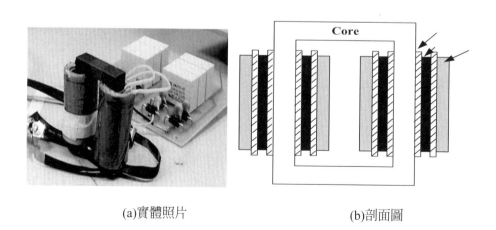

(a)實體照片   (b)剖面圖

圖 15.1 變壓器之剖面圖

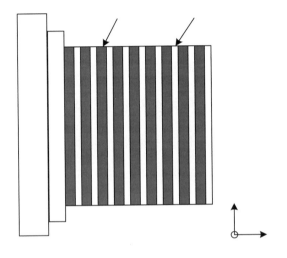

圖 15.2 低壓繞組

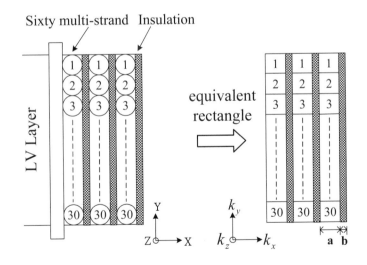

圖 15.3 高壓繞組及其等效分析模型

15.4 分析模型與參數計算[4]

　　分析前必須先計算式(15.1)及(15.2)中相關的熱傳導率 k 及熱傳導係數 h。首先討論如何計算熱傳導率。從圖 15.2 及 15.3 顯示低壓繞組及高壓繞組的導體層及絕緣層均非常薄，如果遵守「一元素一材料」的原則，必然會增加分割元素的量。因此，本章以等效熱傳導率來建立模型，亦即不遵守「一元素一材料」的原則，而是以幾個導體層及絕緣層合併成一元素，此時，熱傳導率不但與導體層(k_c)及絕緣層(k_i)的熱傳導率有關，而且也與它們的厚度有關，若單一導體層及絕緣層的厚度分別為 a 及 b，則它們的合成等效熱傳導率(k_{eq})為

$$k_{eq} = \frac{(k_c \times k_i) \times (a + b)}{k_c \times b + k_i \times a}$$

(15.15)

　　另外，高壓繞組層之每一 61-蕊銅線為圓型截面，從圖 15.4 可以知道每一銅線截面包含銅導體、絕緣及空氣，故先將等效為單一合成的圓型截面，再以圖 15.3 方式變成方型截面，等效熱傳導率為

$$k_{eq} = \frac{\ell n(r_3 / r_1)}{\ell n(r_2 / r) / k_c + \ell n(r_3 / r_2) / k_i}$$

(15.16)

　　上式中 r_1 為單一蕊銅線的半徑，r_2 及 r_3 分別為 61-蕊銅線的內外

徑，則圖 15.3 方型截面在 x 及 y 方向的合成等效熱傳導率為

$$k_{eq,x} = \frac{3a+3b}{3b/k_i+3a/k_c} \ , \ k_{eq,y} = \frac{k_{eq}}{30} \tag{15.17}$$

全部熱傳導參數如表 15.1 所示。

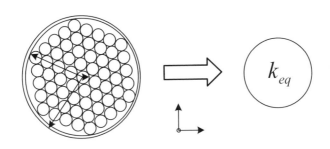

圖 15.4　61-蕊銅線為圓型截面及其等效為單一圓型截面

表 15.1　變壓器熱傳導參數

名稱	k_x $(W/m/^{\circ}C)$	k_y $(W/m/^{\circ}C)$	k_z $(W/m/^{\circ}C)$	ρc $(W \cdot sec/m^3/^{\circ}C)$
鐵芯	6.276	6.276	6.276	4019841.562
低壓繞組	386	0.0278	386	3431471.054
高壓繞組	386	0.60	0.0748	3431471.054
絕緣	0.225	0.225	0.225	2012652.015

其次討論如何計算熱傳導係數 h。熱傳導係數是氣流(fluid flow)、流體媒介之熱傳特性與全系統之幾何結構等因素所左右的函數,因此不易以一簡單的數學公式來表示。在熱傳相關的文獻中,熱傳導係數 h 習慣使用無單位的 Nusselt number Nu 來表示,即

$$Nu = \frac{hw}{k} \tag{15.17}$$

上式中 w 為氣流通道之尺寸,k 為氣流之熱傳導率。Nusselt number 又可以使用二個無單位的數,即 Grashof number Gr 與 Prandtl number Pr 來表示,即

$$Nu = A(Gr \times Pr)^B \tag{15.18}$$

上式中 A 及 B 為常數。如圖 15.1 所示的變壓器,在其頂部外表 $A = 0.54, B = 0.25$,在其四周外表 $A = 0.52, B = 0.25$,在其中央窗口內部 $A = 0.212, B = 0.25$。而 Grashof number Gr 可以計算如下:

$$Gr = \frac{g\beta(T - T_\infty)w^3}{v} \tag{15.19}$$

上式中 g 為重力常數,β 為熱傳擴展係數(thermal expansion coefficient),T 為變壓器外表的溫度,T_∞ 為周圍空氣的溫度,v 為流體之運動黏度(kinematic viscosity)。本分析中變壓器的溫度從 35°C 周溫升

高到 70°C。空氣各項數據爲 $v = 1.88 \times 10^{-5} m^2 s^{-1}$、$k = 0.028\ W°C^{-1}m^{-1}$、$Pr$ = 0.7，代入各公式得到熱傳導係數 h 如表 15.2 所示。

表 15.2　變壓器各部份之熱傳導係數 h

名稱	熱傳導係數 $h\ (W / m^2 /°C)$
頂部外表	3.186
底部外表	0.5×3.186 = 1.593
四周外表	6.415
中央窗口內部	2.529

15.5　分析結果

　　本分析的領域界定在變壓器的外表，並分別在如表 15.2 所示的邊界上使用式(15.2b)的對流邊界條件及相對應的熱傳導係數 h。

　　圖 15.5 及 15.6 爲變壓器的等溫線，其中包含計算及測試數據。兩者誤差爲 2.67°C 及 2.93°C，非常接近。

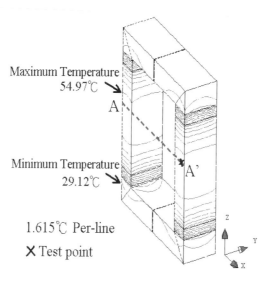

(a) 等溫線

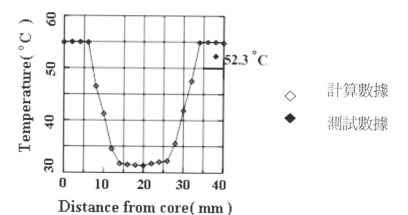

(b) 沿 A-A' 之溫度變化

圖 15.5 鐵芯的溫度分佈

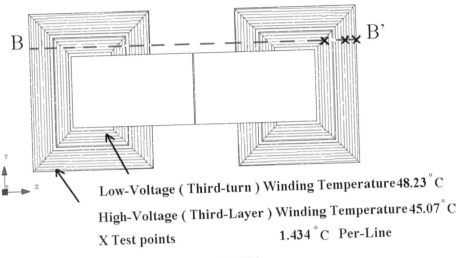

Low-Voltage (Third-turn) Winding Temperature 48.23 °C

High-Voltage (Third-Layer) Winding Temperature 45.07 °C

X Test points　　　　　　　　　　1.434 °C　Per-Line

(a) 等溫線

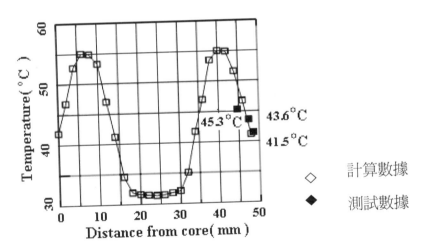

(b) 沿 B-B' 之溫度變化

圖 15.6 繞組的溫度分佈

參考文獻

[1]陳俊德，「有限元素法應用於變壓器之電場及熱傳分析」，逢甲大學電子系碩士論文，2004 年 6 月。

[2] 許宏孝，「應用有限元素法作高壓高頻變壓器三維穩態熱傳分析」，逢甲大學電機系碩士論文，2004 年 6 月。

[3] C. C. Hwang, S. S. Wu, and Y. H. Jiang, "Novel Approach to the Solution of Temperature Distribution in the Stator of an Induction Motor," IEEE Transactions on Energy Conversion, Vol. 15, No. 4, pp. 1259-1264, December 2000.

[4] C. C. Hwang, J. J. Chang, and Y. H. Jiang, "Analysis of electromagnetic and thermal fields for a bus duct system," Electric Power Systems Research, Vol. 45, pp.39-45, April 1998.

[5] C. C. Hwang, P. H. Tang, and Y. H. Jiang, "Thermal analysis of high-frequency transformers using finite elements coupled with temperature rise method," IEE Proc.-Electr. Power Appl., Vol. 152, No. 4, pp. 832-836, July 2005.

國家圖書館出版品預行編目資料

有限元素法在電機工程的應用 ／ 黃昌圳編著. --
初版 -- 臺北市：黃昌圳發行：全華總經銷，
2005 [民 94]
面；　公分

ISBN　957-41-3191-2(平裝)

1.電機工程　2.馬達

448　　　　　　　　　　　　　　94020188

有限元素法在電機工程的應用

作　　　者　黃昌圳

封面設計　郭淑娟

發 行 人　黃昌圳

總 經 銷　全華科技圖書股份有限公司

地　　　址　104 台北市龍江路 76 巷 20 號 2 樓

電　　　話　(02) 2507-1300　(總機)

傳　　　眞　(02) 2506-2993

郵政帳號　0100836-1 號

印 刷 者　宏懋打字印刷股份有限公司

登 記 證　局版北市業第○七○一號

初版一刷　2005 年 10 月

定　　　價　新台幣 350 元

I S B N　957-41-3191-2(平裝)

全華科技圖書
www.chwa.com.tw
book@ms1.chwa.com.tw

全華科技網 OpenTech
www.opentech.com.tw